JN297944

わかりやすい
数理計画法

坂和 正敏・矢野 均・西﨑 一郎 共著

森北出版株式会社

● 本書のサポート情報を当社Webサイトに掲載する場合があります．下記のURLにアクセスし，サポートの案内をご覧ください．

https://www.morikita.co.jp/support/

● 本書の内容に関するご質問は，森北出版 出版部「(書名を明記)」係宛に書面にて，もしくは下記のe-mailアドレスまでお願いします．なお，電話でのご質問には応じかねますので，あらかじめご了承ください．

editor@morikita.co.jp

● 本書により得られた情報の使用から生じるいかなる損害についても，当社および本書の著者は責任を負わないものとします．

■ 本書に記載している製品名，商標および登録商標は，各権利者に帰属します．

■ 本書を無断で複写複製（電子化を含む）することは，著作権法上での例外を除き，禁じられています．複写される場合は，そのつど事前に（一社）出版者著作権管理機構（電話03-5244-5088, FAX03-5244-5089, e-mail:info@jcopy.or.jp）の許諾を得てください．また本書を代行業者等の第三者に依頼してスキャンやデジタル化することは，たとえ個人や家庭内での利用であっても一切認められておりません．

まえがき

　数理計画法に関する教科書は数多く出版されているが，それらは数学的に厳密に著された初学者には敷居の高いものであるか，あるいは逆に工学系での講義に相応しい内容に到達していない教科書が多い．すなわち，工学系の学部1年生あるいは2年生や経済・経営学系の学部生にとって必要な知識が提供されるとともに，将来のより高度な水準の学習への準備として役に立つ教科書は意外に少ないといえる．

　著者らは本書において，読者に対して高校で学ぶ数学の知識水準を想定し，工学系の学部1年生あるいは2年生や経済・経営学系の学部生を対象として，数理計画法の基礎的な概念をわかりやすく解説することを試みた．

　数理計画法で利用される微分や偏微分，ベクトル行列形式での表現を理解するために，最初にこれらの概念を理解しやすいように数値例を用いて簡潔にまとめて記述している．

　数理計画問題は，与えられた条件のもとで関数を最大化あるいは最小化する問題であるが，その範疇に属するもののなかでも，本書では最大化あるいは最小化すべき関数や条件式が一次式で表現される線形計画問題を中心に記述している．線形計画法の説明では，最初に提示した例題を一貫して用いることで，解説の流れが理解しやすくなっている．

　また，線形計画問題の解の特徴に対する直観的な理解を促すために，問題を表すグラフを多用した．

　線形計画問題を解くための手法であるシンプレックス法の紹介に関しては，その幾何学的な性質の理解を容易にするためにも，図的解法と対比させながら例題を用いて説明している．

　さらに，表計算ソフトMicrosoft Excelに付属している「ソルバー」を用いて線形計画問題を解く手順を記述すれば，定式化された線形計画問題を容易に解けることが理解できるように配慮している．

　線形計画法の応用に関しては，食品スーパーの購買計画問題をとりあげ，できるだけ現実に近い設定で定式化することによって，経営上の意思決定問題に対する線形計画法の適用の仕方を例示している．また，経済・経営学系の読者にとってなじみが深く，かつ線形計画法と関連のある産業連関分析およびゲーム理論をとりあげ，線形計

画法との接点について解説している．

　最後に，非線形計画問題の最適性の条件をわかりやすく説明し，降下法を用いて実際に最適解を計算する手続きを示している．また，各章末にはいくつかの問題を与え，巻末には解答を用意し，本書で紹介した概念の理解を確認できるように配慮している．

　本書の出版意図および構成はこれまで述べてきたとおりであるが，本書を通じて得た知識を，関連する学問や将来の実務で利用していただくことを切に期待する．

　なお，内容の記述については慎重を期したつもりであるが，思い違いや間違いが見い出されるかもしれない．読者の忌憚のないご指摘やご叱正を賜れば誠に幸いである．

2010 年 2 月

坂和　正敏
矢野　　均
西﨑　一郎

目　　次

第1章　数理計画問題とは　……………………………………　1
- 1.1　科目選択の問題　………………………………………………　1
- 1.2　比較優位の問題　………………………………………………　3
- 演習問題［1］　………………………………………………………　6

第2章　関数の最小化と行列表現　………………………………　7
- 2.1　1変数で表される目的と制約　…………………………………　7
- 2.2　2変数で表される目的と制約　…………………………………　11
- 2.3　二次関数の最小化　……………………………………………　15
- 2.4　ベクトル行列表現　……………………………………………　18
- 演習問題［2］　………………………………………………………　22

第3章　線形計画法（基礎）　……………………………………　23
- 3.1　線形計画モデル　………………………………………………　23
- 3.2　代表的な線形計画問題　………………………………………　25
  - 3.2.1　生産計画問題　25
  - 3.2.2　飼料配合問題　28
- 3.3　一般的な定式化　………………………………………………　30
- 3.4　図的解法　………………………………………………………　33
  - 3.4.1　生産計画問題　34
  - 3.4.2　飼料配合問題　39
- 3.5　シンプレックス法　……………………………………………　41
  - 3.5.1　生産計画問題　41
  - 3.5.2　飼料配合問題　54
- 3.6　Excel ソルバーによる定式化と解法　………………………　66
  - 3.6.1　Excel ソルバーの設定　67

3.6.2　生産計画問題　70
　　3.6.3　飼料配合問題　76
　演習問題［3］ ·· 79

第4章　双対性と感度分析　83
　4.1　双対性 ··· 83
　4.2　双対性の経済的解釈 ··· 88
　4.3　感度分析 ·· 89
　　4.3.1　右辺定数　90
　　4.3.2　目的関数の係数　94
　演習問題［4］ ·· 98

第5章　線形計画法（応用例）　99
　5.1　食品スーパーの購買問題 ·· 99
　5.2　産業連関分析 ··· 107
　5.3　ゲーム理論 ·· 114
　演習問題［5］ ··· 125

第6章　非線形計画問題の最適化　127
　6.1　1変数関数の最適性の条件 ······································· 127
　6.2　2変数関数の最適性の条件 ······································· 132
　6.3　降下法 ·· 139
　　6.3.1　1変数の二次関数　139
　　6.3.2　2変数の二次関数　141
　演習問題［6］ ··· 144

演習問題解答 ··· 145
参　考　文　献 ·· 150
索　　　引 ··· 152

第1章　数理計画問題とは

数理計画問題とは，与えられた条件のもとで関数を最大化あるいは最小化する問題である．与えられた条件は**制約条件**とよばれ，最大化あるいは最小化すべき関数は**目的関数**とよばれる．

とくに，制約条件が一次式，すなわち線形不等式あるいは線形等式で，目的関数が線形関数である問題は**線形計画問題**とよばれ，本書で主として取り扱う問題である．線形計画問題を解くための手法は線形計画法とよばれ，1947年，G.B. Dantzig はシンプレックス法とよばれる手法を開発し，アメリカ空軍の広範囲な活動を計画するために用いた．

当時，この新しい手法の開発は産業界の経営計画策定への適用と経済理論に対する新しいアプローチの発展に刺激を与え，産業界への応用は広範囲に及んだ．石油産業においては精製，探査，採掘，流通に，食品生産加工業においては輸送，家畜飼料の配合に，製紙業においては裁断その他に適用され，そのほか，鉄鋼業，通信ネットワーク，契約査定，航空機および船舶の運航経路にも応用された．

なお，経済理論において関数の最大化や最小化はきわめてなじみの深い概念であり，この意味で経済理論と数理計画法との関連は深いといえる．

■ 1.1　科目選択の問題

数理計画問題を直観的に理解するために，大学での期末試験の状況を考えてみる．期末試験が1週間後に実施されるとして，少しでも多くの単位を取得したい学生の意思決定問題をとりあげる．この学生は，表1.1に示す授業科目を履修しており，各科目の試験に合格するために必要な学習時間を科目名の下段に示すように見積もっている．

表1.1　各科目の試験に合格するために必要な学習時間

科目	心理学	中国文学	文化人類学	日本国憲法	政治学基礎
時間	5	6	5	7	8
科目	微分学	物理学	有機化学	統計学	情報科学
時間	5	6	7	6	4

この1週間で学習に費やすことのできる時間を40時間とすると，どの科目を選択して学習し，試験を受けるべきかが問題となる．問題の解は，試験に合格するのに必要な学習時間の少ない科目から順に選択すればよいことは明らかであるが，ここでは，数理計画問題として定式化してみる．そのために，各科目の学習を「する」か「しない」かを表す変数を導入する．たとえば，心理学に対してx_1を割り当て，$x_1 = 1$ならば学習し，$x_1 = 0$ならば学習しないとする．同様に，ほかの科目も表1.1に示す順に変数x_2からx_{10}を割り当てる．したがって，目的関数は，

$$x_1 + x_2 + x_3 + x_4 + x_5 + x_6 + x_7 + x_8 + x_9 + x_{10}$$

であり，この学生の目的は取得科目数の最大化なので，この目的関数を最大化することになる．

もちろん，すべての科目を学習して単位を取得できれば望ましいが，限られた40時間を有効に用いてできるだけ多くの科目の単位を取得したい．この時間に関する制約は不等式で表される．

各科目に関して必要な学習時間は，表1.1に示すとおりで，たとえば，心理学を学習すれば5時間かかり，学習しなければ時間はとられない．これを式で表せば，$5x_1$となる．すなわち，学習すれば$x_1 = 1$なので，$5x_1 = 5$であり，学習しなければ$x_1 = 0$なので，$5x_1 = 0$である．ほかの科目も同様に考えれば，すべての学習時間は$5x_1 + 6x_2 + \cdots + 4x_{10}$となる．この学習時間は多くて40時間しかとれないので，次の不等式が制約条件となる．

$$5x_1 + 6x_2 + 5x_3 + 7x_4 + 8x_5 + 5x_6 + 6x_7 + 7x_8 + 6x_9 + 4x_{10} \leqq 40$$

したがって，学習が可能な時間を表す制約式のもとで，取得単位数を表す目的関数を最大化する問題は，次のような数理計画問題として定式化される[1]．

数理計画問題 1.1

maximize　　$x_1 + x_2 + x_3 + x_4 + x_5 + x_6 + x_7 + x_8 + x_9 + x_{10}$

subject to　　$5x_1 + 6x_2 + 5x_3 + 7x_4 + 8x_5 + 5x_6 + 6x_7 + 7x_8 + 6x_9$
　　　　　　　$+ 4x_{10} \leqq 40$

　　　　　　　$x_1, \cdots, x_{10}$ は 0 または 1 をとる

このように書くことによって，

---

[1] この学生の問題において，学習する科目の価値を考慮すれば，目的は学習する科目の価値の総計を最大化することになる．この問題は限られた容量のナップサックに詰め込むことのできる品物の価値の合計を最大化する問題と解釈でき，このような種類の数理計画問題はナップサック問題とよばれる．

> 変数 $x_1, x_2, \cdots, x_{10}$ が不等式「$5x_1+6x_2+5x_3+7x_4+8x_5+5x_6+6x_7+7x_8+6x_9+4x_{10} \leqq 40$」と変数制約「$x_1,\cdots,x_{10}$ は 0 または 1 をとる」を満たすことを条件として (subject to)，目的関数 $x_1+x_2+x_3+x_4+x_5+x_6+x_7+x_8+x_9+x_{10}$ を最大化（maximize）しなさい．

という問題を簡潔に書き表すことができる．

■ 1.2 比較優位の問題

次に，本書で主として取り扱う線形計画問題を考える．線形計画問題の例として生産計画の問題や栄養の問題はしばしばとりあげられ，本書においても第 3 章で具体的な例を示してその最適解の計算方法を詳述するので，ここでは経済学との関連を考慮して，国際貿易における比較優位の問題をとりあげる．

A 国と B 国を考え，生産物の数を 2 とし，これらを仮に「テレビ」と「カメラ」とする．生産要素，すなわち，生産のための必要な資源を簡単化のために労働のみとし，A 国ではテレビを 1 単位製作するのに必要な労働力とカメラを 1 単位製作するのに必要な労働力が等しく，この労働力はテレビまたはカメラ製作の労働に自由に移動できるとする．A 国でテレビおよびカメラを 1 単位製造するのに必要な労働量をそれぞれ a_1^A および a_2^A とすると，

$$\frac{a_1^A}{a_2^A} = 1$$

である．

同様に，B 国ではテレビを 1 単位製作するのに必要な労働力でカメラを 2 単位製作することができるとする．B 国でテレビおよびカメラを 1 単位製造するのに必要な労働量をそれぞれ a_1^B および a_2^B とすると，

$$\frac{a_1^B}{a_2^B} = 2$$

となる．ここで，

$$\frac{a_1^A}{a_2^A} < \frac{a_1^B}{a_2^B}$$

なので，A 国はテレビの生産に対して相対的に生産費用が低いといえ，A 国はテレビに専門化し，B 国はカメラに専門化すると考えられる．この場合，A 国はテレビの生産に，B 国はカメラの生産に対して，より低い費用で生産できるので，**比較優位**をもつという．テレビとカメラの国際的な価格をそれぞれ p_1 および p_2 とする．このとき，

$$\frac{a_1^A}{a_2^A} < \frac{p_1}{p_2} < \frac{a_1^B}{a_2^B}$$

を満たす範囲に交易条件とよばれる価格比率が定まると，A 国はテレビの生産に，B 国はカメラの生産に特化し，A 国はカメラの輸入の代わりにテレビを輸出し，B 国はテレビの輸入の代わりにカメラを輸出することによって，それぞれの利益を最大化できる．

この状況を線形計画問題として定式化してみる．まず，A 国の行動について考える．カメラが生産されない場合のテレビの生産の最大産出量を c とする．このとき，テレビとカメラの産出量をそれぞれ x_1 と x_2 とすると，A 国の生産可能な領域は，

$$x_1 + x_2 \leqq c$$

$$x_1 \geqq 0,\ x_2 \geqq 0$$

を満たすテレビとカメラの産出量の組 (x_1, x_2) である．A 国がテレビとカメラを交換する国際価格比は p_2/p_1 なので，テレビの産出量で表される A 国の国内産出額 z は，

$$z = x_1 + \frac{p_2}{p_1} x_2$$

である．生産可能な産出量の組を表す制約式 $x_1 + x_2 \leqq c,\ x_1 \geqq 0,\ x_2 \geqq 0$ のもとで，国内産出額を表す目的関数 z を最大化する問題は，次のような線形計画問題として定式化できる．

線形計画問題 1.2

$$\begin{aligned}
\text{maximize} \quad & z = x_1 + \frac{p_2}{p_1} x_2 \\
\text{subject to} \quad & x_1 + x_2 \leqq c \\
& x_1 \geqq 0,\ x_2 \geqq 0
\end{aligned}$$

仮に，

$$\frac{p_2}{p_1} = \frac{2}{3}$$

とした場合，テレビの産出量で表される A 国の国内産出額 z は目的関数

$$z = x_1 + \frac{2}{3} x_2$$

となり，生産可能な領域のなかでこの目的関数を最大化させる点を，**最適解**とよぶ．

図 1.1(a) を用いて，A 国の問題の最適解を見つけてみる．生産可能な領域は，図 1.1 に示す x_1 と x_2 の平面における三つの点 $(0, 0),\ (0, c),\ (c, 0)$ で形成される三角形の辺とその内部である．たとえば，点 $(0, 0)$ はテレビとカメラの生産量はともに 0

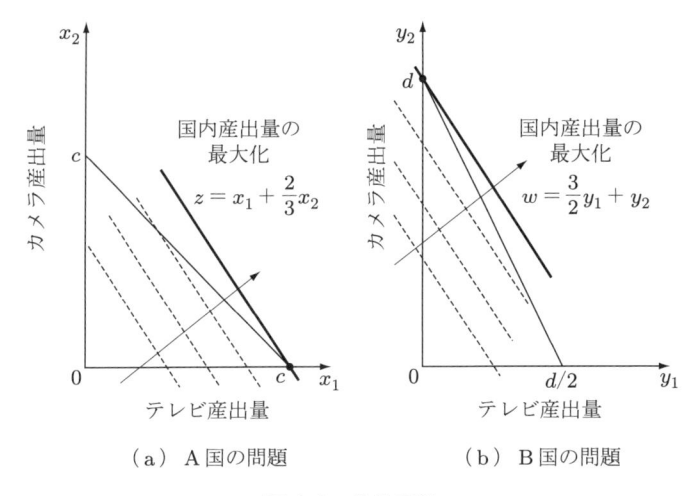

図 1.1 比較優位

(a) A 国の問題　　(b) B 国の問題

であり，点 $(0, c)$ ではテレビは生産しないで，カメラを c 単位生産することを示し，点 $(c, 0)$ は逆にテレビを c 単位生産し，カメラは生産しないことを示す．破線は等生産直線，すなわち，一定の水準の国内産出額を産出できるテレビとカメラの生産量の組である．この直線は右上にあるほうが国内生産額が大きいことは明らかである．したがって，

$$(x_1, x_2) = (c, 0)$$

で国内生産額を最大化させていることがわかる．この点が最適解であることは，国内産出額を最大化させる生産の仕方がテレビを c 単位生産し，カメラを生産しないことを意味する．また，テレビの産出量で表される A 国の最大の国内産出額は c であることがわかる．すなわち，A 国はテレビの生産に特化することによって国内産出額を最大化させることができる．

同様に，B 国の行動について考える．テレビが生産されない場合のカメラの生産の最大産出量を d とする．このとき，テレビとカメラの産出量をそれぞれ y_1 と y_2 とすると，B 国の生産可能な領域は，

$$2y_1 + y_2 \leqq d$$
$$y_1 \geqq 0, y_2 \geqq 0$$

を満たすテレビとカメラの産出量の組 (y_1, y_2) である．B 国がカメラとテレビを交換する国際価格比は p_1/p_2 なので，カメラの産出量で表される B 国の国内産出額 w は，

$$w = \frac{p_1}{p_2} y_1 + y_2$$

である．生産可能な産出量の組のなかで，国内産出額を最大化する B 国の問題は A 国

の場合と同様に，次のような線形計画問題として定式化される．

線形計画問題 1.3

$$\begin{aligned}
\text{maximize} \quad & w = \frac{p_1}{p_2}y_1 + y_2 \\
\text{subject to} \quad & 2y_1 + y_2 \leqq d \\
& y_1 \geqq 0,\ y_2 \geqq 0
\end{aligned}$$

仮に，

$$\frac{p_1}{p_2} = \frac{3}{2}$$

とした場合，カメラの産出量で表される B 国の国内産出額 w は目的関数

$$w = \frac{3}{2}y_1 + y_2$$

となる．生産可能な領域内でこの目的関数を最大化させる点は，図 1.1(b) に示すように，

$$(y_1, y_2) = (0, d)$$

であることがわかる．これにより，国内産出額を最大化させる生産の仕方は，テレビを生産せずに，カメラを d 単位生産することである．すなわち，B 国はカメラの生産に特化することによって国内産出額を最大化させることができる．このように，A 国がテレビの生産に特化し，B 国がカメラの生産に特化することが線形計画法の考えによって明らかになる．

演習問題 [1]

1.1 C 国と D 国を考え，生産物の数を 2 とし，これらを「米」と「小麦」とする．C 国では米を 1 単位生産するのに必要な労働力で小麦を 3 単位生産することができ，D 国では小麦を 1 単位生産するのに必要な労働力で米を 2 単位生産することができる．C 国において，米が生産されない場合の小麦の生産の最大産出量を e とする．さらに，米と小麦の産出量をそれぞれ z_1 と z_2 とする．このとき，C 国の生産可能な領域を，数式を用いて表しなさい．また，D 国において，米が生産されない場合の小麦の生産の最大産出量を f とする．さらに，米と小麦の産出量をそれぞれ w_1 と w_2 とする．このとき，D 国の生産可能な領域を，数式を用いて表しなさい．

1.2 問題 1.1 において，米と小麦の国際的価格をそれぞれ 2 と 3 とし，C 国における米と小麦の産出量をそれぞれ z_1 と z_2 とする．このとき，C 国の国内産出額を米の産出量で表しなさい．また，D 国における米と小麦の産出量をそれぞれ w_1 と w_2 とする．このとき，D 国の国内産出額を小麦の産出量で表しなさい．

1.3 問題 1.1 において，C 国および D 国の米と小麦の生産状況を，図を用いて考察しなさい．

第2章　関数の最小化と行列表現

　経営上の意思決定問題は数学モデルとして定式化すれば，適切な手法を用いることで効率よく解くことができる場合がある．本章の目的は，定式化された意思決定問題において関数で表された目的や制約の概念を把握し，関数の最小化と微分の関係を理解することである．

　ここでは，1変数で表される関数で目的関数や制約式の特徴を示したあと，その拡張として2変数で表される目的関数や制約式について考える．さらに，二次関数の最小化における微分や偏微分の有用性について述べ，最後にベクトルや行列を用いた目的関数や制約式の表現方法を紹介する．

■2.1　1変数で表される目的と制約

　ある製造業者の意思決定問題を考えてみる．製造業者の目的を利益の最大化と考え，利益を数式で表し，これを最大化すべき目的関数と考える．製品1単位当たりの利益を c とし，製品の製造数を x とし，生産した製品はすべて販売されると仮定すると，この製造業の利益は，図 2.1 に示すような x の一次関数である目的関数

$$f(x) = cx$$

として表される．このとき，この企業の経営者あるいはそのスタッフである**意思決定者**が製品の製造数 x を決定する．この意味で，x は**決定変数**とよばれる．

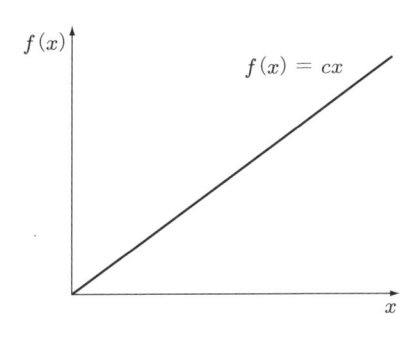

図 2.1　利益を表す一次関数

これに対して，利益 c は販売価格から費用を差し引いた額で，この製品がほかの製造業者でも製造できるような商品であれば，この製造業者が勝手に価格を決めることはできない．このような場合，単位当たりの利益 c は変数ではなく，目的関数の係数すなわち定数として取り扱われる．たとえば，利益は 1 製品当たり 100 円というように与えられた定数と考える．製造数は製造業者が決める事項であり，製品を製造するためのさまざまな資源の制約のもとで，製造数を適切に決定することによって，この製造業者は利益を最大化しようとする．

この製造業者において，生産活動に何の制約もなければ，利益は製造数を増やすことによっていくらでも増大するが，一般には，原材料や労働力などの資源の制約があるために，利益は無限に増大することはない．

原材料に関する制約は，次のように与えられる．製品を 1 単位製造するために必要な原材料を a 単位とし，この原材料の使用可能量の上限を b 単位とすると，資源制約は，

$$ax \leqq b$$

と表すことができる．また，資源制約は原材料が複数あることや，原材料以外にも労働力などの制約を考えると，通常，複数の制約式を考慮しなければならない．

いま，2 種類の原材料があるとする．製品を 1 単位製造するために必要な原材料 1，原材料 2 をそれぞれ a_1 単位，a_2 単位必要とし，これらの原材料の使用可能量の上限をそれぞれ b_1 単位，b_2 単位とする．このとき，二つの制約は，次のように表される．

$$a_1 x \leqq b_1, \quad a_2 x \leqq b_2$$

これらの制約条件のもとで，利益 $f(x)$ を最大化しようとすれば，2 本の制約式から制限される決定変数である製造数 x の上限は，

$$\bar{x} = \min\left\{\frac{b_1}{a_1}, \frac{b_2}{a_2}\right\}$$

で表され，この上限 $\bar{x}$ まで製造すると利益は最大化される．ここで，

$$\min\left\{\frac{b_1}{a_1}, \frac{b_2}{a_2}\right\}$$

は，二つの要素 b_1/a_1 および b_2/a_2 のうち小さいほうの値を示す．その結果，利益の最大値は，

$$f(\bar{x}) = c\bar{x}$$

となる．

なお，この問題は第 1 章で示した数理計画問題の形式を用いれば，次のように表される．

2.1　1変数で表される目的と制約

線形計画問題 2.1

$$\begin{aligned}\text{maximize} \quad & f(x) = cx \\ \text{subject to} \quad & a_1 x \leqq b_1 \\ & a_2 x \leqq b_2\end{aligned}$$

● 例 2.1　A社の製造問題 ●

A社では，自社の製品1単位当たりの利益が12である．このとき，製造数を x とすると，A社の利益 $f(x)$ は，x の一次関数である目的関数

$$f(x) = 12x$$

として表される．製品を1単位製造するために必要な原材料1，原材料2の使用量をそれぞれ15単位，20単位とし，原材料1，原材料2の使用可能量の上限をそれぞれ90単位，80単位とすると，制約式は，次のように表すことができる．

$$15x \leqq 90, \quad 20x \leqq 80$$

原材料1の制約から製造数は高々6単位，すなわち $x \leqq 6$ であり，原材料2の制約から製造数は高々4単位，すなわち $x \leqq 4$ である．したがって，製造数の上限は，

$$\bar{x} = \min\left\{\frac{90}{15}, \frac{80}{20}\right\} = 4$$

なので，これらの制約式を同時に満足する領域は $x \leqq 4$ となり，図2.2 からも明らかなように，目的関数の最大値は，

$$f(4) = 12 \times 4 = 48$$

となる．

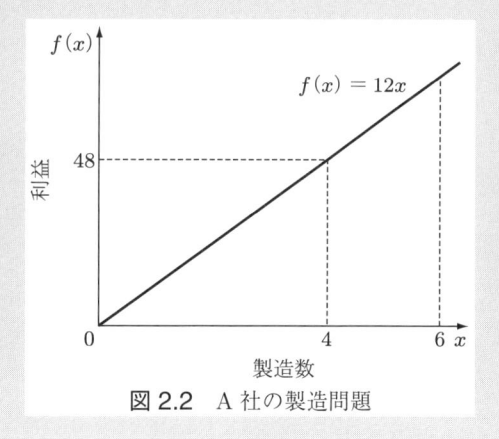

図 2.2　A社の製造問題

これまでの定式化では，製品1単位当たりの利益 c は製品の製造数，すなわち，販売数 x に依存せずに一定であったが，次に，販売数量に価格が依存する場合について考える．販売数が増加すると，他企業の参入などの影響により，価格 p は減少すると仮定する．すなわち，販売数が 0 のとき価格は d であるとし，販売数が 1 単位増加するごとに e 減少すると仮定すると，価格 p は次のように表される．

$$p = d - ex$$

ここで，製品1単位当たりの費用を g とすると，製品1単位当たりの利益 c は，

$$c = p - g = -ex + d - g$$

となり，製造数 x に依存し，この製造業者の目的関数である利益は二次関数

$$f(x) = cx = (-ex + d - g)x = -ex^2 + (d - g)x$$

となる．このとき，利益の最大化は原材料に関する制約条件

$$a_1 x \leqq b_1, \quad a_2 x \leqq b_2$$

のもとで，二次関数 $f(x)$ を最大化する問題として定式化できる．したがって，

$$\bar{x} = \min\left\{\frac{b_1}{a_1}, \frac{b_2}{a_2}\right\}$$

とすれば，製造数 x は $[0, \bar{x}]$ の範囲で変動させることができるので，制約を考慮しない場合の二次関数 $f(x)$ の最大値が $[0, \bar{x}]$ の範囲のなかで達成されれば，その値が利益の最大値になり，そうでなければ，0 か $\bar{x}$ のどちらかで利益は最大となる．

● **例 2.2　A 社の製造問題（価格が可変の場合）** ●

A 社では，製造数を x とすると，自社の製品1単位当たりの価格は製造数に依存し，次のように表される．

$$p = 100 - 2x$$

このとき，費用を 88 とすると，A 社の利益 $f(x)$ は，目的関数

$$f(x) = (100 - 2x - 88)x = -2x^2 + 12x$$

として表される．制約式は例 2.1 と同じとする．目的関数 $f(x)$ は，

$$f(x) = -2(x - 3)^2 + 18$$

と変形できるので，$x = 3$ のときに最大になる．制約式を満足する領域は $x \leqq 4$ なので，図 2.3 からも明らかなように，目的関数の最大値は，

$$f(3) = -2 \times 3^2 + 12 \times 3 = 18$$

となる．

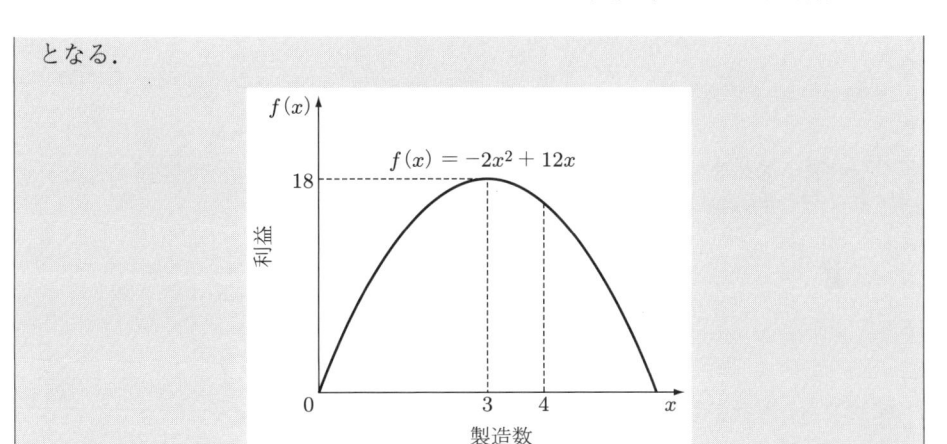

$$f(x) = -2x^2 + 12x$$

図 2.3　A 社の製造問題
（価格が可変の場合）

■ 2.2　2 変数で表される目的と制約

前節で取り扱った製造業の問題では，1 種類の製品だけを考慮したが，本節では 2 種類の製品を考える．製品 1 と製品 2 のそれぞれ 1 単位当たりの利益を c_1, c_2 とし，製品 1 と製品 2 の製造数をそれぞれ x_1, x_2 とする．前節と同様に，生産した製品はすべて販売されると仮定すると，この製造業の利益 $f(x_1, x_2)$ は x_1 と x_2 の一次関数である目的関数

$$f(x_1, x_2) = c_1 x_1 + c_2 x_2$$

として表される．ここで，製品 1 と製品 2 の製造数 x_1, x_2 は製造業者の決定変数であり，製品 1 と製品 2 のそれぞれ 1 単位当たりの利益 c_1, c_2 は与えられた定数である．

前節と同様に，原材料 1 と原材料 2 に関する 2 本の制約式があるとする．製品 1 を 1 単位製造するために必要な原材料 1，原材料 2 の使用量をそれぞれ a_{11} 単位，a_{21} 単位とし，製品 2 を 1 単位製造するために必要な原材料 1，原材料 2 の使用量をそれぞれ a_{12} 単位，a_{22} 単位とする．さらに，原材料 1，原材料 2 の使用可能量の上限をそれぞれ b_1 単位，b_2 単位とすると，原材料 1 と原材料 2 に関する制約は，次のように表される．

$$a_{11} x_1 + a_{12} x_2 \leqq b_1, \quad a_{21} x_1 + a_{22} x_2 \leqq b_2$$

これらの制約条件のもとで，利益 $f(x_1, x_2)$ を最大化しようとすれば，上記の制約式から制限される決定変数である製造数 x_1, x_2 の上限は，それぞれ，

$$\bar{x}_1 = \min\left\{\frac{b_1}{a_{11}}, \frac{b_2}{a_{21}}\right\}, \quad \bar{x}_2 = \min\left\{\frac{b_1}{a_{12}}, \frac{b_2}{a_{22}}\right\}$$

となる．原材料1と原材料2の使用量は製品1と製品2の製造数 x_1 と x_2 に依存するので，一般に製品1，製品2を，それぞれ $\bar{x}_1$ 単位，$\bar{x}_2$ 単位ずつ同時に製造することはできない．したがって，点 $(\bar{x}_1, 0)$ または点 $(0, \bar{x}_2)$，または，

$$a_{11}x_1 + a_{12}x_2 = b_1, \quad a_{21}x_1 + a_{22}x_2 = b_2$$

の交点 $(\hat{x}_1, \hat{x}_2)$ で利益は最大化されるはずである．この理由は第3章で詳しく説明する．

●例2.3　A社の製造問題（2製品の場合）●

A社では，自社の製品1および製品2の1単位当たりの利益がそれぞれ10, 12である．このとき，製品1と製品2の製造数をそれぞれ x_1, x_2 とすると，A社の利益 $f(x_1, x_2)$ は x_1 と x_2 の一次関数である目的関数

$$f(x_1, x_2) = 10x_1 + 12x_2$$

として表される．製品1を1単位製造するために必要な原材料1，原材料2の使用量をそれぞれ3単位，9単位とし，製品2を1単位製造するために必要な原材料1，原材料2の使用量をそれぞれ12単位，6単位とする．また，原材料1，原材料2の使用可能量の上限をそれぞれ48単位，54単位とすると，制約式は，次のように表すことができる．

$$3x_1 + 12x_2 \leqq 48, \quad 9x_1 + 6x_2 \leqq 54$$

決定変数 x_1, x_2 の上限は，それぞれ，

$$\bar{x}_1 = \min\left\{\frac{48}{3}, \frac{54}{9}\right\} = 6, \quad \bar{x}_2 = \min\left\{\frac{48}{12}, \frac{54}{6}\right\} = 4$$

となり，

$$3x_1 + 12x_2 = 48, \quad 9x_1 + 6x_2 = 54$$

の交点は $(4, 3)$ なので，製品1と製品2の生産可能な領域は，図2.4に示すように，四つの点 O : $(0, 0)$, A : $(0, 4)$, B : $(4, 3)$, C : $(6, 0)$ からなる四角形の領域である．

O : $(0, 0)$ は製品1も製品2も製造しないことを意味し，A : $(0, 4)$ は製品1を製造せず，製品2を4単位製造することを意味し，B : $(4, 3)$ は製品1を4単位，製品2を3単位製造することを意味し，C : $(6, 0)$ は製品1を6単位製造し，製品2は製造しないことを意味する．目的関数

$$f(x_1, x_2) = 10x_1 + 12x_2$$

2.2 2変数で表される目的と制約

図 2.4 A社の製造問題（2製品の場合）

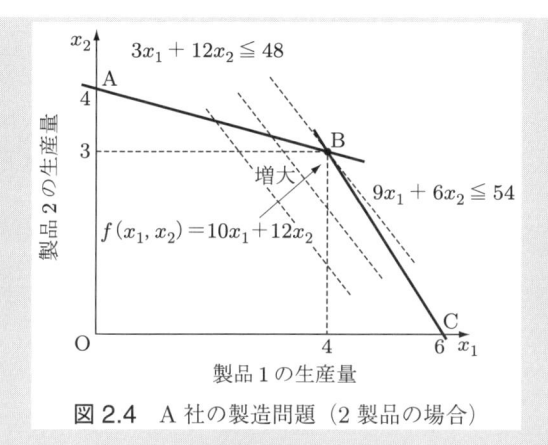

を最大にする点は A : (0, 4), B : (4, 3), C : (6, 0) のどれかであるが，実際に計算をしてみると，A : (0, 4), B : (4, 3), C : (6, 0) に対応する利益はそれぞれ 48, 76, 60 なので，最大の利益は製品1を4単位生産し，製品2を3単位生産したときの76である．

2製品の場合についても販売数量に価格が依存する場合を考える．1製品の場合と同様に，販売数が増加すると製品1と製品2の価格 p_1 および p_2 は減少すると仮定し，次のように表されるとする．

$$p_1 = d_1 - e_1 x_1, \quad p_2 = d_2 - e_2 x_2$$

製品1単位当たりの費用をそれぞれ g_1 および g_2 とすると，製品1単位当たりの利益 c_1, c_2 は，

$$c_1 = p_1 - g_1 = -e_1 x_1 + d_1 - g_1, \quad c_2 = p_2 - g_2 = -e_2 x_2 + d_2 - g_2$$

となるので，この製造業者の利益 $f(x_1, x_2)$ は，二次関数

$$\begin{aligned} f(x_1, x_2) &= (-e_1 x_1 + d_1 - g_1)x_1 + (-e_2 x_2 + d_2 - g_2)x_2 \\ &= -e_1 x_1^2 + (d_1 - f_1)x_1 - e_2 x_2^2 + (d_2 - f_2)x_2 \end{aligned}$$

で表すことができる．このとき，利益の最大化は原材料に関する制約条件

$$a_{11}x_1 + a_{12}x_2 \leqq b_1, \quad a_{21}x_1 + a_{22}x_2 \leqq b_2$$

のもとで，二次関数で表される利益 $f(x_1, x_2)$ を最大化する問題として定式化できる．したがって，製品1と製品2の生産可能な領域は目的関数が一次関数で表された場合と同様に，点 $(\bar{x}_1, 0)$, 点 $(0, \bar{x}_2)$,

$$a_{11}x_1 + a_{12}x_2 = b_1, \quad a_{21}x_1 + a_{22}x_2 = b_2$$

の交点 $(\hat{x}_1, \hat{x}_2)$,および原点 $(0, 0)$ からなる四角形の領域となり,制約を考慮しない場合の二次関数 $f(x_1, x_2)$ の最大値がこの領域のなかで達成されれば,その値が利益の最大値になり,そうでなければ,この領域の境界上で利益は最大となる.

●**例 2.4 A 社の製造問題(2 原材料で価格が可変の場合)**●

A 社では,製品 p_1 と製品 p_2 の製造数をそれぞれ x_1, x_2 とすると,自社の製品 1 および製品 2 の 1 単位当たりの価格は製造数に依存し,次のように表されるとする.

$$p_1 = 100 - 3x_1, \quad p_2 = 80 - 2x_2$$

このとき,製品 1 および製品 2 の費用を 82, 72 とすると,A 社の利益 $f(x_1, x_2)$ は目的関数

$$\begin{aligned} f(x_1, x_2) &= (100 - 3x_1 - 82)x_1 + (80 - 2x_2 - 72)x_2 \\ &= -3x_1^2 + 18x_1 - 2x_2^2 + 8x_2 \end{aligned}$$

として表される.制約式は例 2.3 と同じとする.目的関数 $f(x_1, x_2)$ は,

$$f(x_1, x_2) = -3(x_1 - 3)^2 - 2(x_2 - 2)^2 + 35$$

と変形できるので,

$$(x_1, x_2) = (3, 2)$$

のとき最大になる.この点は四つの点 O : $(0, 0)$,A : $(0, 4)$,B : $(4, 3)$,C : $(6, 0)$ からなる四角形の領域の内部の点なので,図 2.5 にも示すように,目的関数の最大値は $f(3, 2) = 35$ となる.

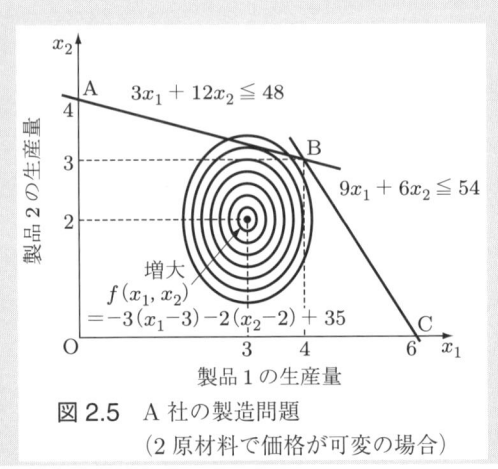

図 2.5 A 社の製造問題
(2 原材料で価格が可変の場合)

この問題では，原材料 1 と原材料 2 の使用に関する制約式
$$3x_1 + 12x_2 \leqq 48, \quad 9x_1 + 6x_2 \leqq 54$$
によって製品 1 と製品 2 の製造数 x_1 と x_2 は制限されているが，これらの制約がなくても目的関数の最大値は同じであることに注意すること．

■ 2.3 二次関数の最小化

前節では，目的関数を利益として定式化したので，目的関数を最大化することを考えた．しかし，利益のように最大化すべき目的関数に対しては，-1 をかけた新たな目的関数を考え，これを最小化してもよい．

したがって，数理計画問題では，一般性を欠くことなく目的関数の最小化を考えればよい．前節で取り扱った 2 変数の意思決定問題において，目的関数と制約式が変数の二次以上の項のない線形関数で表される場合には，制約式を満足する領域は図 2.4 に示すようにへこんだ部分のない二次元の多角形であるので，目的関数を最小化させる点は多角形の頂点（端点）かあるいは辺にあることがわかる．

とくに，目的関数と制約式がすべて線形（一次）関数で表される計画問題を線形計画問題とよぶ．線形計画問題のこのような特徴から，第 3 章で説明するように，線形計画問題の目的関数を最小化させる点，すなわち，最適解を見つけるために，端点を探索していく解法が開発されている．

一方，目的関数が線形ではなくて，たとえば，前節で取り扱ったような二次関数の場合には，目的関数の最小化は微分を用いることが有用である．ここでは，関数の最小化という観点から，1 変数の関数の**微分**とその自然な拡張である 2 変数の関数の**偏微分**について説明する．

$f(x)$ を 1 変数の関数とする．このとき，$x = p$ における**微分係数** $f'(p)$ は，
$$f'(p) = \lim_{x \to p} \frac{f(x) - f(p)}{x - p}$$
として定義される．

● 例 2.5　1 変数の二次関数の最小化 ●

例 2.2 の A 社の利益 $-2x^2 + 12x$ について考える．利益を最大化することが目的なので，関数 $-2x^2 + 12x$ に -1 をかけて，これをあらためて $f(x)$ とおき，
$$f(x) = 2x^2 - 12x$$
を最小化する．目的関数 $f(x)$ に対して，$x = p$ での微分係数 $f'(p)$ を定義に従っ

て求めると，

$$f'(p) = \lim_{x \to p} \frac{2x^2 - 12x - (2p^2 - 12p)}{x - p} = \lim_{x \to p} \{2(x+p) - 12\}$$
$$= 4p - 12$$

となる．関数 $f(x) = 2x^2 - 12x$ は，図 2.6 に示すように，下に凸型の二次関数なので，関数の微分係数が 0 であるときに最小値をとる．

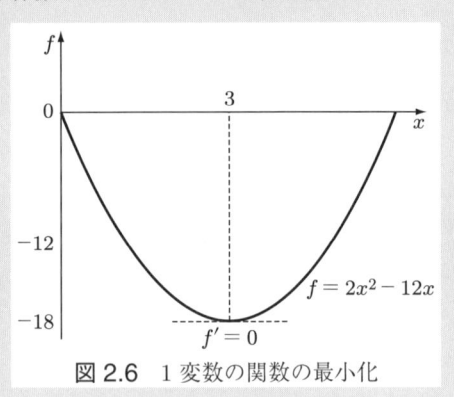

図 2.6 1 変数の関数の最小化

すなわち，目的関数 $f(x)$ が最小となるための条件は $f'(p) = 0$ となることなので，

$$f'(p) = 4p - 12 = 0$$

より，$p = 3$ を得る．したがって，図 2.6 からもわかるように，

$$x = p = 3$$

のとき，目的関数 $f(x)$ は最小となり，また，利益 $-2x^2 + 12x$ は最大となる．このように，1 変数の二次関数を最小化する点は，微分を用いることによって見つけることができる．

次に，2 変数の関数 $f(x_1, x_2)$ を考える．2 変数の関数の値は二つの変数 x_1 と x_2 に依存するので，関数の値の変化は x_1 の増分に関する変化と x_2 の増分に関する変化に分けて考える．x_2 をある値 q に固定すると，2 変数の関数

$$f(x_1, x_2) = f(x_1, q)$$

は x_1 だけの 1 変数の関数と考えることができる．また，x_1 をある値 p に固定すると，2 変数の関数

$$f(x_1, x_2) = f(p, x_2)$$

は x_2 だけの 1 変数の関数と考えることができる．このようにすれば，1 変数の関数の

微分係数の自然な拡張として**偏微分係数**が定義される.

点 $(x_1, x_2) = (p, q)$ における x_1 に関する偏微分係数は,

$$\frac{\partial f}{\partial x_1}(p, q) = \lim_{\substack{x_1 \to p \\ x_2 = q}} \frac{f(x_1, x_2) - f(p, q)}{x_1 - p}$$

として定義される. 同様に, 点 $(x_1, x_2) = (p, q)$ における x_2 に関する偏微分係数は,

$$\frac{\partial f}{\partial x_2}(p, q) = \lim_{\substack{x_1 = p \\ x_2 \to q}} \frac{f(x_1, x_2) - f(p, q)}{x_2 - q}$$

である.

● 例 2.6　2 変数の二次関数の最小化 ●

例 2.4 の A 社の利益 $-3x_1^2 + 18x_1 - 2x_2^2 + 8x_2$ について考える. 利益を最大化することが目的なので, 利益に -1 をかけた関数

$$f(x_1, x_2) = 3x_1^2 - 18x_1 + 2x_2^2 - 8x_2$$

を目的関数とし, $f(x_1, x_2)$ を最小化する. 目的関数 $f(x_1, x_2)$ に対して, 偏微分係数を定義に従って求めると, 点 $(x_1, x_2) = (p, q)$ における x_1 に関する偏微分係数は,

$$\begin{aligned}\frac{\partial f}{\partial x_1}(p, q) &= \lim_{\substack{x_1 \to p \\ x_2 = q}} \frac{3x_1^2 - 18x_1 + 2x_2^2 - 8x_2 - (3p^2 - 18p + 2q^2 - 8q)}{x_1 - p} \\ &= 6p - 18\end{aligned}$$

であり, x_2 に関する偏微分係数は,

$$\begin{aligned}\frac{\partial f}{\partial x_2}(p, q) &= \lim_{\substack{x_1 = p \\ x_2 \to q}} \frac{3x_1^2 - 18x_1 + 2x_2^2 - 8x_2 - (3p^2 - 18p + 2q^2 - 8q)}{x_2 - q} \\ &= 4q - 8\end{aligned}$$

となる. 関数

$$f(x_1, x_2) = 3x_1^2 - 18x_1 + 2x_2^2 - 8x_2$$

は図 2.7 に示すように, 下に凸型の二次関数なので, x_1 および x_2 に関する偏微分係数がともに 0 であるときに最小値をとる.

すなわち, 目的関数 $f(x_1, x_2)$ が最小となるための条件は,

$$\frac{\partial f}{\partial x_1}(p, q) = \frac{\partial f}{\partial x_2}(p, q) = 0$$

となることなので,

$$\frac{\partial f}{\partial x_1}(p, q) = 6p - 18 = 0, \quad \frac{\partial f}{\partial x_2}(p, q) = 4q - 8 = 0$$

図 2.7 2変数の関数の最小化

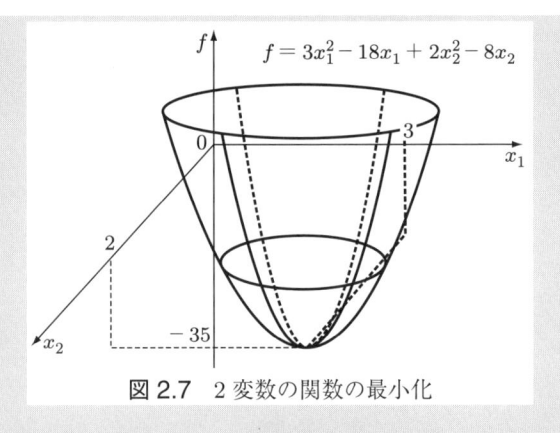

より，

$$(p, q) = (3, 2)$$

を得る．したがって，図 2.7 からもわかるように，

$$(x_1, x_2) = (p, q) = (3, 2)$$

のとき，目的関数 $f(x_1, x_2)$ は最小となり，また，利益 $-3x_1^2 + 18x_1 - 2x_2^2 + 8x_2$ は最大となる．このように，2変数の二次関数を最小化する点は，偏微分を用いることによって見つけることができる．

2.4 ベクトル行列表現

数理計画問題は，簡潔に表現できるため，しばしばベクトル行列形式で表される．本節では，線形制約や線形目的関数のベクトル行列形式での表現方法を示す．ただし本書では，紙幅の制限のもとで応用例などを適切に表現しなければならない場合を除き，わかりやすさのために，ベクトル行列形式での表現はできる限り使用しない．

ここでは，例 2.3 の問題をとりあげてみる．この問題では，A 社における意思決定者自身で適切に決めなければならない数量，すなわち，**決定変数**として，A 社の製品 1 および製品 2 の製造数をそれぞれ x_1, x_2 と表した．これをベクトルで表すと，

$$\boldsymbol{x} = \begin{pmatrix} x_1 \\ x_2 \end{pmatrix}, \quad \text{または}, \quad \boldsymbol{x} = (x_1, x_2)$$

となる．左側の表現を**列ベクトル**といい，右側は**行ベクトル**という．本書では，主として決定変数を表す場合には列ベクトルを使用する．製品 1 および製品 2 の 1 単位当たりの利益をそれぞれ c_1, c_2 とする．これらの数値は A 社が決めるものではなく，市場の価格とすれば，c_1, c_2 は決定変数ではなく，定数である．例 2.3 では，

$$c_1 = 10, \quad c_2 = 12$$

であり，これらは目的関数の係数となり，決定変数が列ベクトルなので，通常，行ベクトル

$$\boldsymbol{c} = (c_1, c_2) = (10, 12)$$

で表される．したがって，目的関数は，次のようにベクトルの**内積**で簡潔に表すことができる．

$$c_1 x_1 + c_2 x_2 = (c_1, c_2) \begin{pmatrix} x_1 \\ x_2 \end{pmatrix} = \boldsymbol{cx}$$

なお，列ベクトルを行ベクトルで表したいときは転置記号 T を用いて，

$$\boldsymbol{x}^T = \begin{pmatrix} x_1 \\ x_2 \end{pmatrix}^T = (x_1, x_2)$$

のように表すことができる．

制約式に関しては，原材料 1，原材料 2 の使用量に関する制約式が，

$$3x_1 + 12x_2 \leqq 48$$
$$9x_1 + 6x_2 \;\;\leqq 54$$

のように表されていた．このとき，2本の制約式の左辺の係数を一括して行列で表せば，

$$A = \begin{bmatrix} a_{11} & a_{12} \\ a_{21} & a_{22} \end{bmatrix} = \begin{bmatrix} 3 & 12 \\ 9 & 6 \end{bmatrix}$$

となる．さらに，右辺の定数を列ベクトルで表現すれば，

$$\boldsymbol{b} = \begin{pmatrix} b_1 \\ b_2 \end{pmatrix} = \begin{pmatrix} 48 \\ 54 \end{pmatrix}$$

となる．これらの原材料 1，原材料 2 の使用量に関する制約式をベクトル行列形式で表現すれば，次のように表される．

$$\begin{bmatrix} 3 & 12 \\ 9 & 6 \end{bmatrix} \begin{pmatrix} x_1 \\ x_2 \end{pmatrix} \leqq \begin{pmatrix} 48 \\ 54 \end{pmatrix}$$

制約式は一般に，

$$\begin{bmatrix} a_{11} & a_{12} \\ a_{21} & a_{22} \end{bmatrix} \begin{pmatrix} x_1 \\ x_2 \end{pmatrix} \leqq \begin{pmatrix} b_1 \\ b_2 \end{pmatrix}$$

と表され，これを簡潔にベクトル行列形式で記述すれば，

$$A\boldsymbol{x} \leqq \boldsymbol{b}$$

となる．また，連立方程式

$$3x_1 + 12x_2 = 48$$
$$9x_1 + 6x_2 \phantom{{}+{}} = 54$$

は同様に，

$$\begin{bmatrix} 3 & 12 \\ 9 & 6 \end{bmatrix} \begin{pmatrix} x_1 \\ x_2 \end{pmatrix} = \begin{pmatrix} 48 \\ 54 \end{pmatrix}$$

と表される．このとき，連立方程式の解は逆行列

$$\begin{bmatrix} 3 & 12 \\ 9 & 6 \end{bmatrix}^{-1} = -\frac{1}{90} \begin{bmatrix} 6 & -12 \\ -9 & 3 \end{bmatrix}$$

を用いて，

$$\begin{pmatrix} x_1 \\ x_2 \end{pmatrix} = \begin{bmatrix} 3 & 12 \\ 9 & 6 \end{bmatrix}^{-1} \begin{pmatrix} 48 \\ 54 \end{pmatrix} = -\frac{1}{90} \begin{bmatrix} 6 & -12 \\ -9 & 3 \end{bmatrix} \begin{pmatrix} 48 \\ 54 \end{pmatrix} = \begin{pmatrix} 4 \\ 3 \end{pmatrix}$$

と計算される．例 2.3 で示したように，この連立方程式の解は A 社の製造問題の最適解に対応している．一般に，目的関数と制約式がともに線形である線形計画問題の最適解は，制約式から導かれる連立方程式の解との対応関係がある．

第 3 章以降で用いる線形計画問題の一般的な表現方法を，ここで示しておく．決定変数を n 次元列ベクトル

$$\boldsymbol{x} = (x_1, \cdots, x_n)^T$$

とする．また，目的関数の係数ベクトルを

$$\boldsymbol{c} = (c_1, \cdots, c_n)$$

とする．このとき，目的関数 $\boldsymbol{cx}$ は，次のように表される．

$$\boldsymbol{cx} = c_1 x_1 + \cdots + c_n x_n = \sum_{j=1}^{n} c_j x_j$$

制約式の数を m とすると，制約式の係数 A は $m \times n$ 行列

$$A = \begin{bmatrix} a_{11} & \cdots & a_{1n} \\ \vdots & \ddots & \vdots \\ a_{m1} & \cdots & a_{mn} \end{bmatrix}$$

で表され，右辺定数ベクトル $\boldsymbol{b}$ は，

$$\boldsymbol{b} = \begin{pmatrix} b_1 \\ \vdots \\ b_m \end{pmatrix}$$

となる．したがって，制約式をベクトル行列形式で記述すれば，次のように表される．

$$Ax \leqq b$$

等価的に，

$$\begin{bmatrix} a_{11} & \cdots & a_{1n} \\ \vdots & \ddots & \vdots \\ a_{m1} & \cdots & a_{mn} \end{bmatrix} \begin{pmatrix} x_1 \\ \vdots \\ x_n \end{pmatrix} \leqq \begin{pmatrix} b_1 \\ \vdots \\ b_m \end{pmatrix}$$

であり，この不等式は次の m 本の制約式を一括して表している．

$$a_{11}x_1 + \cdots + a_{1n}x_n = \sum_{j=1}^{n} a_{1j}x_j \leqq b_1$$
$$\vdots$$
$$a_{m1}x_1 + \cdots + a_{mn}x_n = \sum_{j=1}^{n} a_{mj}x_j \leqq b_m$$

これら m 本の制約式のもとで目的関数 cx が最小化される線形計画問題は，次のように定式化される．

線形計画問題 2.2

$$\begin{aligned}
\text{minimize} \quad & \sum_{j=1}^{n} c_j x_j \\
\text{subject to} \quad & \sum_{j=1}^{n} a_{1j} x_j \leqq b_1 \\
& \quad \vdots \\
& \sum_{j=1}^{n} a_{mj} x_j \leqq b_m \\
& x_j \geqq 0, \; j = 1, \cdots, n
\end{aligned}$$

これをベクトル行列形式で簡潔に表現すれば，

線形計画問題 2.3

$$\begin{aligned}
\text{minimize} \quad & cx \\
\text{subject to} \quad & Ax \leqq b \\
& x \geqq 0
\end{aligned}$$

となる．

演習問題 [2]

2.1 A社では，ある製品を製造している．この製品1単位当たりの利益が15であり，その製造数を x とする．このとき，A社の目的関数である利益を数式で示しなさい．さらに，製品を1単位製造するために必要な原材料1，原材料2の使用量をそれぞれ20単位，16単位とし，原材料1，原材料2の使用可能量の上限をそれぞれ100単位，90単位とする．このとき，A社の制約式を数式で示しなさい．また，上記の制約条件のもとで，目的関数を最大化する製造数とそのときの利益を求めなさい．

2.2 上記の問題2.1において，利益を表す目的関数が次の二次関数
$$f(x) = -3x^2 + 6x$$
で表されるとする．このとき，目的関数を最大化する製造数とそのときの利益を求めなさい．

2.3 B社では，自社の製品1および製品2の1単位当たりの利益がそれぞれ12, 16であり，製品1と製品2の製造数をそれぞれ x_1, x_2 とする．このとき，B社の目的関数である利益を数式で表しなさい．さらに，製品1を1単位製造するために必要な原材料1，原材料2の使用量をそれぞれ16単位，18単位とし，製品2を1単位製造するために必要な原材料1，原材料2の使用量をそれぞれ20単位，7単位とする．また，原材料1，原材料2の使用可能量の上限をそれぞれ100単位，60単位とする．このとき，B社の制約式を示しなさい．また，上記の制約条件のもとで，目的関数を最大化する製造数とそのときの利益を求めなさい．

2.4 上記の問題2.3において，利益を表す目的関数が次の二次関数
$$f(x_1, x_2) = -3x_1^2 + 6x_1 - 4x_2^2 + 8x_2$$
で表されるとする．このとき，目的関数を最大化する製造数とそのときの利益を求めなさい．

2.5 決定変数 x，目的関数の係数ベクトル c，制約式の係数行列 A，右辺定数ベクトル b をそれぞれ，
$$x = \begin{pmatrix} x_1 \\ x_2 \end{pmatrix}, \quad c = (2, 4), \quad A = \begin{bmatrix} 4 & 10 \\ 6 & 8 \end{bmatrix}, \quad b = \begin{pmatrix} 40 \\ 50 \end{pmatrix}$$
とする．このように定義した x, c, A, b を用いて，線形計画問題をベクトル行列形式で表しなさい．また，ベクトルや行列を用いずに，この線形計画問題を記述しなさい．

第3章 線形計画法（基礎）

線形計画法は，意思決定問題を定義する関数がすべて多変数の一次関数である線形関数で記述される問題を対象としている．

本章では最初に，現実の意思決定問題と線形計画モデルの関係，線形計画モデルの構成要素について述べ，線形計画問題の代表例として，生産計画問題と飼料配合問題を紹介し，与えられた意思決定状況に基づいて線形計画問題をどのようにモデル化するかについて解説したあと，一般的な線形計画問題の記述方法を示す．

次に，二次元決定変数空間上のグラフを用いて，生産計画問題と飼料配合問題の最適解を導出することにより，線形計画法に対する直観的理解を深める．

さらに，線形計画問題の最適解は与えられたいくつかの制約条件を同時に満たす領域の境界上にあり，その特性を活かした計算方法であるシンプレックス法をわかりやすく説明する．

最後に，表計算ソフト Excel のアドインプログラムであるソルバーを用いて，どのように線形計画問題を Excel シート上で表し，その問題を解くのかについて詳しく解説する．

また，シンプレックス法との対応関係について明らかにすることにより，ソルバーの操作方法だけでなく，線形計画法に対する理解を深める．

■3.1 線形計画モデル

数理計画法では，現実の意思決定問題を解決するため，何らかの数学モデルを構築し，その数学モデルを用いて解決策を見つけ出すことを目的としている．意思決定問題の解決策を見つけ出すまでには，図 3.1 に示す次の三つの手順が必要である．

第一の手順では，現実の意思決定問題を数学モデルとして定式化する．数学モデルの定式化では，意思決定に関わる本質的で重要な属性を取り込む一方，不要な属性は省いてしまい単純化するという適切な判断や仮定が必要である．残念ながら，種々の意思決定問題に対する適切な数学モデルを構築するための特定のアルゴリズムは存在しない．

第二の手順は，数学モデルの特徴に対応する数理的手法を用いて，数学モデルに対する意思決定者の最適解を導出することである．

第三の手順は，得られた最適解を解釈して，現実の意思決定問題に対する解決策を見つけ出すことである．対象とする数学モデルが必ずしもすべての重要な要因を反映しているという保証はないので，この手続きは重要である．

図 3.1 に，現実の意思決定問題と数学モデルの関係を示す．

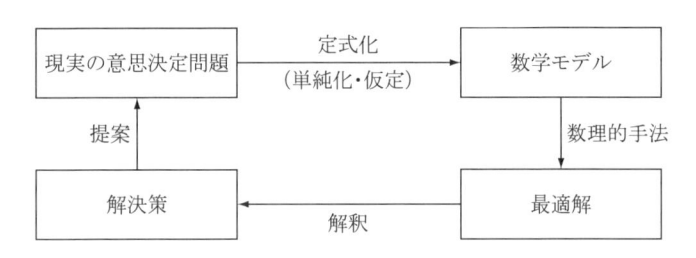

図 3.1 現実の意思決定問題と数学モデル

本章で対象とする数学モデルは，**線形計画モデル**であり，次に示す**決定変数**，**制約式**，**目的関数**の三つの要素から成り立っている．

① **決定変数**：決定変数は問題解決のために「決定すべき変数」であり，線形計画問題の目的は最適な決定変数の値を見つけ出すことである．たとえば，決定変数は利用可能な資源量や生産数量であったりする．とくに，最適な決定変数の値を**最適解**とよんでおり，問題の定式化に際しては，n 個の決定変数を $x_1, x_2, \cdots, x_n$ のように表し，最適解の場合はわかりやすく区別して $x_1^*, x_2^*, \cdots, x_n^*$ と表す．

② **制約式**：現実の意思決定問題をモデル化する場合，意思決定者が関与できない制限，要求，規則を表す関係式を線形不等式や線形等式で表し，これらを制約式とよび，制約式で表される条件を**制約条件**という．意思決定者は，制約条件を満たす**実行可能領域**のなかから，最適な決定変数の値を探索する．

③ **目的関数**：線形計画問題では，意思決定者が最適化（最小化あるいは最大化）したい唯一の目的を，線形関数として表す．そのような関数を目的関数とよび，$z = 5x_1 + 7x_2 + 1x_3$ のように決定変数の線形関数として表す．たとえば，総費用関数の最小化，あるいは市場シェア関数や利益関数の最大化などが考えられる．

図 3.2 に，線形計画モデルの構成を示す．

線形計画法は，現実の意思決定問題における制約や目的を線形関数で近似して線形計画モデルとして定式化し，その線形計画問題の最適解を導出する手法である．

線形計画問題に対して求められた最適解は，一般に何らかの解釈を加えることにより，現実の意思決定問題に対する意思決定支援の有効な情報となりうる．

線形計画法は，経済・産業・社会・軍事問題など，あらゆる分野で幅広く利用され

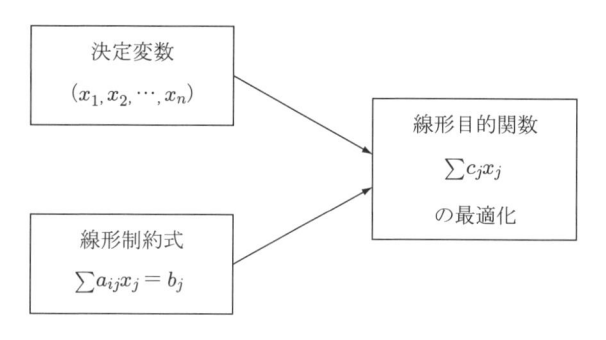

```
       ┌─────────────┐
       │   決定変数   │
       │ $(x_1, x_2, \cdots, x_n)$ │
       └──────┬──────┘
              │       ┌─────────────┐
              └──────▶│  線形目的関数  │
                      │  $\sum c_j x_j$  │
              ┌──────▶│   の最適化    │
              │       └─────────────┘
       ┌──────┴──────┐
       │   線形制約式  │
       │ $\sum a_{ij} x_j = b_j$ │
       └─────────────┘
```

図 3.2　線形計画モデルの構成

ているが，そのおもな理由は次のとおりである．
① 現実の大規模な意思決定問題は，しばしば線形計画問題として近似的に定式化されることが多い．
② 線形計画問題を解くための効率的手法が確立している．
③ 感度分析が行いやすく，データの変更に容易に対応できる．

■ 3.2　代表的な線形計画問題

前節では，線形計画問題の三つの要素として決定変数，制約式，目的関数があることを紹介したが，本節では代表的な問題である生産計画問題と飼料配合問題をとりあげて，決定変数，制約式，目的関数がどのように定式化されるかについて説明する．二つの問題のうち，一方の目的関数は最大化され，他方は最小化される．また，制約式については両方とも不等式制約であるが，不等号の向きが異なる．

3.2.1　生産計画問題

> ● 例 3.1　製造会社の生産計画 ●
>
> ある製造会社が 2 種類の製品 A と B を生産している．製品 A は 1 kg 当たり 3 万円，製品 B は 1 kg 当たり 2 万円の利益が見込め，経営者は 1 日当たりの利益を最大化しようと計画している．しかし，各製品をつくるにあたって，次の三つの資源制約を満たさなければならない．
> ① 労働時間制約：1 日当たりの延べ労働時間は 40 時間で，製品 A を 1 kg つくるのに 2 時間の労働時間が，製品 B を 1 kg つくるのに 5 時間の労働時間が必要である．

② **機械稼働時間制約**：製品 A と B を製造するための機械の使用可能な延べ稼働時間は 1 日当たり 30 時間で，このうち，製品 A の場合，1 kg 当たり 3 時間の機械稼働時間が必要で，製品 B の場合，1 kg 当たり 1 時間の機械稼働時間が必要となる．

③ **使用原料制約**：製品 A と B をつくるには，ある原料が必要で，1 日当たりの使用可能量は 39 kg である．製品 A を 1 kg 生産するには 3 kg の原料が必要で，製品 B を 1 kg 生産するには 4 kg の原料が必要となる．

これらのデータは表 3.1 のように要約できる．

表 3.1 生産計画問題のデータ

資源	製品 A	製品 B	資源の上限値
労働時間 [時間]	2	5	40
機械稼働時間 [時間]	3	1	30
使用原料 [kg]	3	4	39
利益 [万円]	3	2	

この製造会社の 1 日当たりの総利益を最大にするために，経営者は製品 A，B をそれぞれ 1 日当たり何 kg つくればよいだろうか．

まず，この問題を数学モデルとして定式化してみる．問題を数学モデルとして定式化するための第一歩は，知りたい量を変数で表すことからはじめる．知りたい量を表す変数を「その値を決定すべき変数」という意味で**決定変数**とよぶ．本例では，製品 A と B の 1 日当たりの生産量が決定変数となるので，製品 A の生産量を x_1 [kg]，製品 B の生産量を x_2 [kg] で表す．このとき，**意思決定者**である経営者は，1 日当たりの利益を最大化したいので，製品 A の生産量を x_1 [kg]，製品 B の生産量を x_2 [kg] とし，これらがすべて販売できると仮定すれば，製品 A の売上げによる 1 日当たりの利益は $3x_1$ [万円]，製品 B の売上げによる 1 日当たりの利益は $2x_2$ [万円] となる．したがって，1 日当たりの総利益 z は，

$$z = 3x_1 + 2x_2 \text{ [万円]}$$

となり，意思決定者は総利益 z を最大化することを望んでいる．この最適化すべき決定変数 x_1, x_2 の関数 z が目的関数である．

本章では，一貫して最適化問題を最小化問題として取り扱うが，最大化問題にも対応できる．なぜなら，生産計画問題では目的関数の総利益を最大化するが，「総利益を

最大化する」ことは「総利益に -1 をかけて最小化する」ことと等しいからである．したがって，1日当たりの総利益に -1 をかけた目的関数

$$z = -3x_1 - 2x_2 \text{[万円]}$$

を最小化すればよい．

　次に，三つの制約条件を決定変数による不等式制約で表してみる．

　まず，労働時間制約に関しては，製品 A の生産量を x_1 [kg]，製品 B の生産量を x_2 [kg]とすると，製品 A に関する延べ労働時間は $2x_1$ [時間]，製品 B に関する延べ労働時間は $5x_2$ [時間]であるから，総労働時間は，$2x_1 + 5x_2$ [時間]と表される．したがって，これが上限値の 40 時間を超えないことを不等式で表せば，

$$2x_1 + 5x_2 \leqq 40 \text{ 時間}$$

となる．

　次に，機械稼働時間制約に関しては，製品 A の生産量を x_1 [kg]，製品 B の生産量を x_2 [kg]とすると，製品 A に対する延べ機械稼働時間は $3x_1$ [時間]，製品 B に対する延べ機械稼働時間は $1x_2$ [時間]であるから，総機械稼働時間は，$3x_1 + 1x_2$ [時間]と表される．したがって，これが上限値の 30 時間を超えないことを不等式で表せば，

$$3x_1 + 1x_2 \leqq 30 \text{ 時間}$$

となる．

　ここで，x_2 の係数は 1 であるので，制約式は通常 $3x_1 + x_2 \leqq 30$ と書いて係数 1 を省略するが，本章では理解しやすいように係数 1 を明示する．

　また，使用原料制約に関しては，製品 A の生産量を x_1 [kg]，製品 B の生産量を x_2 [kg]とすると，製品 A のための使用原料は $3x_1$ [kg]，製品 B のための使用原料は $4x_2$ [kg]であるから，原料の総使用は，$3x_1 + 4x_2$ [kg]と表される．したがって，これが使用原料の上限値 39 kg を超えないことを不等式で表せば，

$$3x_1 + 4x_2 \leqq 39 \text{ kg}$$

となる．

　さらに，明示されていない制約条件として，生産量 x_1 と x_2 は正または 0 でなければならないので，

$$x_1 \geqq 0, \quad x_2 \geqq 0$$

である．これを**非負条件**あるいは**非負制約**という．一般に，線形計画問題では決定変数の非負条件を前提としていることに注意すること．

　数式で表した目的関数と制約式を用いれば，生産計画問題は，次の線形計画問題として定式化される．

線形計画問題 3.1（生産計画問題）

$$
\begin{aligned}
\text{minimize} \quad & z = -3x_1 - 2x_2 & \text{（1 日当たりの総利益の } -1 \text{ 倍）} \\
\text{subject to} \quad & 2x_1 + 5x_2 \leqq 40 & \text{（労働時間制約）} \\
& 3x_1 + 1x_2 \leqq 30 & \text{（機械稼働時間制約）} \\
& 3x_1 + 4x_2 \leqq 39 & \text{（使用原料制約）} \\
& x_1 \geqq 0, \quad x_2 \geqq 0 & \text{（非負条件）}
\end{aligned}
$$

3.2.2 飼料配合問題

●例 3.2 食肉牛の飼料配合●

品質の高い食肉牛を育てるためには，栄養バランスのよい配合飼料を与えることが重要である．食肉牛の管理者が配合飼料を二つの原料 A, B の配合によりつくるものとし，3 種類の栄養素 C, D, E の 1 日当たりの必要量を満たしたうえで，総費用を最小化する配合飼料をつくる．原料 A は 1g 当たり 9 円，原料 B は 1g 当たり 15 円の費用がかかる．配合飼料をつくるにあたり，栄養素に関する次の三つの制約を満たさなければならない．

① 栄養素 C の制約：原料 A と原料 B は 1g 当たり，栄養素 C をそれぞれ 9mg と 2mg 含んでいるが，1 日当たりの配合飼料には栄養素 C を 54mg 以上含まなければならない．

② 栄養素 D の制約：原料 A と原料 B は 1g 当たり，栄養素 D をそれぞれ 1mg と 5mg 含んでいるが，1 日当たりの配合飼料には栄養素 D を 25mg 以上含まなければならない．

③ 栄養素 E の制約：原料 A と原料 B は 1g 当たり，栄養素 E をそれぞれ 1mg と 1mg 含んでいるが，1 日当たりの配合飼料には栄養素 E を 13mg 以上含まなければならない．

これらのデータは表 3.2 のように要約できる．

表 3.2　飼料配合問題のデータ

	原料 A	原料 B	栄養素の下限値
栄養素 C [mg]	9	2	54
栄養素 D [mg]	1	5	25
栄養素 E [mg]	1	1	13
総費用 [円]	9	15	

> この食肉牛の管理者が栄養素の制約を満たしたうえで，配合飼料の総費用を最小化するには，各原料 A，B をそれぞれ 1 日当たり何 g ずつ配合して飼料をつくればよいだろうか．

生産計画問題と同様に，知りたい量を決定変数で表してみる．飼料配合問題では，原料 A と原料 B の 1 日当たりの使用量が決定変数となるので，原料 A の 1 日当たりの使用量を x_1 [g]で表し，原料 B の 1 日当たりの使用量を x_2 [g]で表す．このとき，意思決定者である食肉牛の管理者は，1 日当たりの総費用を最小化したいので，原料 A による 1 日当たりの費用は $9x_1$ [円]となり，原料 B による 1 日当たりの費用は $15x_2$ [円]となるので，1 日当たりの総費用である目的関数 z は，

$$z = 9x_1 + 15x_2 \text{ [円]}$$

となり，z を最小化する．一方，原料 A の 1 日当たりの配合量を x_1 [g]とし，原料 B の 1 日当たりの配合量を x_2 [g]とすると，原料 A と原料 B は 1 g 当たりに栄養素 C をそれぞれ 9 mg と 2 mg 含んでいるので，栄養素 C の含有量は $9x_1 + 2x_2$ [mg]となる．栄養素 C は 1 日当たり少なくとも 54 mg 必要であることから，次の制約式を得る．

$$9x_1 + 2x_2 \geqq 54 \text{ mg}$$

同様に，原料 A の 1 日当たりの配合量 x_1 [g]と，原料 B の 1 日当たりの配合量 x_2 [g]に対して，原料 A と原料 B は 1 g 当たりに栄養素 D をそれぞれ 1 mg と 5 mg 含んでいるので，栄養素 D の含有量は $1x_1 + 5x_2$ [mg]となる．栄養素 D の 1 日当たりの必要量が 25 mg であることから，次の制約式を得る．

$$1x_1 + 5x_2 \geqq 25 \text{ mg}$$

さらに，原料 A の 1 日当たりの配合量 x_1 [g]と，原料 B の 1 日当たりの配合量 x_2 [g]に対して，原料 A と原料 B は 1 g 当たりに栄養素 E をともに 1 mg 含んでいるので，栄養素 E の含有量は $1x_1 + 1x_2$ [mg]となる．栄養素 E の 1 日当たりの必要量が 13 mg であることから，次の制約式を得る．

$$1x_1 + 1x_2 \geqq 13 \text{ mg}$$

明らかに，原料 A と原料 B のそれぞれの配合量 x_1, x_2 は非負でなければならないので，

$$x_1 \geqq 0, \quad x_2 \geqq 0$$

である．数式で表した目的関数と制約式を用いれば，飼料配合問題は，次の線形計画問題として定式化できる．

線形計画問題 3.2（飼料配合問題）

$$\begin{aligned}
&\text{minimize} && z = 9x_1 + 15x_2 && \text{（1 日当たりの総費用）}\\
&\text{subject to} && 9x_1 + 2x_2 \geqq 54 && \text{（栄養素 C に関する制約条件）}\\
& && 1x_1 + 5x_2 \geqq 25 && \text{（栄養素 D に関する制約条件）}\\
& && 1x_1 + 1x_2 \geqq 13 && \text{（栄養素 E に関する制約条件）}\\
& && x_1 \geqq 0,\ x_2 \geqq 0 && \text{（非負条件）}
\end{aligned}$$

■ 3.3 一般的な定式化

前節では，線形計画問題の代表的な例として，生産計画問題と飼料配合問題を定式化した．ここでは，線形計画問題の構成要素をもう一度まとめたあと，より一般的な線形計画問題の定式化を紹介する．

① **決定変数**：対象とする意思決定問題において，決定すべき n 個の変数を，x_1, $x_2, \cdots, x_n$ で表し，これらを決定変数という．

② **目的関数**：目的関数 z は，

$$z = c_1x_1 + c_2x_2 + \cdots + c_nx_n$$

で表され，意思決定者の目的に対する達成度の尺度を与えるために，決定変数 x_1, $x_2, \cdots, x_n$ を用いて定式化した線形関数である．しばしば利用される目的関数としては，総利益，総費用，市場シェアなどがある．目的関数の決定変数にかかる係数 c_j は，決定変数 x_j の 1 単位の増加に対する目的関数の変化量を表し，**費用係数**とよばれる．たとえば，生産計画問題の目的関数

$$z = -3x_1 - 2x_2$$

において，決定変数 x_1 が 1 単位増加したとき z は 3 単位減少し，x_1 が 1 単位減少したとき z は 3 単位増加する．同様に，決定変数 x_2 が 1 単位増加したとき z は 2 単位減少し，x_2 が 1 単位減少したとき z は 2 単位増加することを意味している．本章では，目的関数は最小化するものとして定式化する．

③ **制約式**：最適化はすべての制約式を満たす範囲内で行われる．したがって，線形計画問題は，制約付き最適化問題の一つとしてみなすことができる．すべての制約式は線形不等式や線形等式

$$a_{i1}x_1 + a_{i2}x_2 + \cdots + a_{in}x_n \leqq b_i,\ i = 1, \cdots, m_1$$

$$a_{i1}x_1 + a_{i2}x_2 + \cdots + a_{in}x_n \geqq b_i,\ i = m_1 + 1, \cdots, m_1 + m_2$$

$$a_{i1}x_1 + a_{i2}x_2 + \cdots + a_{in}x_n = b_i,\ i = m_1 + m_2 + 1, \cdots, m_1 + m_2 + m_3$$

の形で表され，対象とする意思決定問題における種々の制約要因が反映されている．i 番目の制約式に含まれる係数 a_{ij} は，決定変数 x_j の 1 単位の増加による i 番目の資源の変化量を表している．制約式右辺の定数 b_i は，i 番目の資源の使用量の上限値や下限値あるいは設定値を表す．

一般に，定数 $b_i \geqq 0$ と仮定する（もし，$b_i < 0$ の場合は，等価的に制約式の両辺に -1 をかけて右辺定数を正とし，不等号の場合はその向きを反転させる）．制約式を満たす条件のもとで (subject to)，目的関数を最小化する (minimize) ことを表している線形計画問題の一般的な数学モデルは，次のように表される．

線形計画問題 3.3

minimize $\quad z = c_1 x_1 + c_2 x_2 + \cdots + c_n x_n$

subject to $\quad a_{11} x_1 + a_{12} x_2 + \cdots + a_{1n} x_n \leqq b_1$

$\qquad\qquad\vdots$

$\quad a_{m_1 1} x_1 + a_{m_1 2} x_2 + \cdots + a_{m_1 n} x_n \leqq b_{m_1}$

$\quad a_{m_1+1\,1} x_1 + a_{m_1+1\,2} x_2 + \cdots + a_{m_1+1\,n} x_n \geqq b_{m_1+1}$

$\qquad\qquad\vdots$

$\quad a_{m_1+m_2\,1} x_1 + a_{m_1+m_2\,2} x_2 + \cdots + a_{m_1+m_2\,n} x_n \geqq b_{m_1+m_2}$

$\quad a_{m_1+m_2+1\,1} x_1 + a_{m_1+m_2+1\,2} x_2 + \cdots + a_{m_1+m_2+1\,n} x_n = b_{m_1+m_2+1}$

$\qquad\qquad\vdots$

$\quad a_{m_1+m_2+m_3\,1} x_1 + a_{m_1+m_2+m_3\,2} x_2 + \cdots + a_{m_1+m_2+m_3\,n} x_n = b_{m_1+m_2+m_3}$

$\quad x_1 \geqq 0,\ x_2 \geqq 0,\ \cdots,\ x_n \geqq 0$

この $m_1 + m_2 + m_3$ 本の制約式は，生産計画問題では，

$$m_1 = 3,\ \ m_2 = m_3 = 0$$

であり，飼料配合問題では，

$$m_1 = 0,\ \ m_2 = 3,\ \ m_3 = 0$$

となる．

ここで，これらの不等式制約式はすべて等価的に等式制約式に変換できることに注意すること．不等式制約式

$$a_{i1} x_1 + a_{i2} x_2 + \cdots + a_{in} x_n \leqq b_i,\ i = 1, \cdots, m_1$$

に対しては，非負の**スラック変数** $x_{n+1}, x_{n+2}, \cdots, x_{n+m_1}$ ($x_{n+1} \geqq 0$, $x_{n+2} \geqq 0$, $\cdots$, $x_{n+m_1} \geqq 0$) を導入すれば，次の等式制約式に置き換えることができる．

$$a_{i1}x_1 + a_{i2}x_2 + \cdots + a_{in}x_n \boxed{+ x_{n+i}} = b_i, \ i = 1, \cdots, m_1$$

同様に，不等式制約式

$$a_{i1}x_1 + a_{i2}x_2 + \cdots + a_{in}x_n \geqq b_i, \ i = m_1 + 1, \cdots, m_1 + m_2$$

に対しては，非負の**余裕変数** $x_{n+m_1+1}, x_{n+m_1+2}, \cdots, x_{n+m_1+m_2}$ $(x_{n+m_1+1} \geqq 0, x_{n+m_1+2} \geqq 0, \cdots, x_{n+m_1+m_2} \geqq 0)$ を導入すれば，次の等式制約式に置き換えることができる．

$$a_{i1}x_1 + a_{i2}x_2 + \cdots + a_{in}x_n \boxed{- x_{n+i}} = b_i, \ i = m_1 + 1, \cdots, m_1 + m_2$$

ここで，スラック変数および余裕変数は非負で，余裕変数にはマイナスの符号が付いていることに注意すること．右辺を資源量とすれば，スラック変数の値は「未使用の資源量」を表し，余裕変数の値は「超過使用の資源量」を表している．ここであらためて，制約式の本数を $m \leftarrow m_1 + m_2 + m_3$，変数の個数を $n \leftarrow n + m_1 + m_2$ で置き換えれば，一般性を失うことなく，あらゆる線形計画問題は次のように表すことができる．

線形計画問題 3.4

$$\begin{aligned}
\text{minimize} \quad & z = c_1 x_1 + c_2 x_2 + \cdots + c_n x_n \\
\text{subject to} \quad & a_{11} x_1 + a_{12} x_2 + \cdots + a_{1n} x_n = b_1 \\
& \quad\quad\quad\quad\quad\quad \vdots \\
& a_{m1} x_1 + a_{m2} x_2 + \cdots + a_{mn} x_n = b_m \\
& x_1 \geqq 0, \ x_2 \geqq 0, \cdots, x_n \geqq 0
\end{aligned}$$

この問題の決定変数には，本来の決定変数だけでなく，スラック変数や余裕変数も含まれていることに注意すること．

このような形式の問題を，**標準形**の線形計画問題とよぶ．線形計画問題において，決定変数ベクトルの一つの値の組を**解**，非負条件も含めてすべての制約式を満たす解を**実行可能解**，実行可能解の集合を**実行可能領域**とよぶ．逆に，非負条件も含めて少なくとも一つの制約式を満たさない解を**非実行可能解**という．線形計画法は，実行可能領域のなかから目的関数を最小化する最適解を効率的に探索する有効な方法である．

一般に，現実の意思決定問題を線形計画問題として定式化するには，次のような仮定が必要である．

① **確実性**：線形計画問題に含まれるすべてのデータは，確実にわかっていなければならない．たとえば，生産計画問題の目的関数 $3x_1 + 2x_2$ では，決定変数 x_1 が

1単位増加したとき総利益zは3単位増加し,逆にx_1が1単位減少したときzは3単位減少する.同様に,決定変数x_2が1単位増加したとき総利益zは2単位増加し,逆にx_2が1単位減少したときzは2単位減少することが,まえもってわかっていなければならない.これらの値が確率的に変動する場合や本質的に不確定である場合には,線形計画問題として定式化することはできない.なお,確率的に変動する係数を含む問題に対しては確率計画法が,主観的判断のあいまいさを反映する係数を含む問題に対してはファジィ計画法が提案されている.

② **線形性**:目的関数はすべて線形関数で,決定変数の1単位当たりの費用や利益などを表す係数c_jも常に一定であり,ほかの変化による影響を受けないことを前提としている.同様に,制約式の左辺も線形関数であり,決定変数の1単位により使用される資源量などを表す係数a_{ij}も常に一定であり,ほかの変化による影響を受けないことを前提とする.

③ **加法性**:目的関数において,各決定変数により生じる利益や費用の総和をとることにより,全体の総利益や総費用が計算される.同様に制約式の左辺において,すべての決定変数に関して必要となる資源の総和をとることにより,全体で必要とされる資源量が計算される.すなわち,各決定変数による効果の総和が全体の効果になることを前提としている.

④ **独立性**:目的関数や制約式の左辺に含まれる各係数c_j, a_{ij}は,ほかの係数だけでなく各変数の値に一切影響を受けず,独立である.したがって,決定変数間で何らかの相互作用が生じる場合には,線形計画問題として定式化できない.

⑤ **比例性**:目的関数値や制約式の左辺の値は,各決定変数の値に比例する.

⑥ **非負性**:決定変数は,常に非負でなければならない.

3.4 図的解法

生産計画問題や飼料配合問題の線形計画問題は,ともに二つの決定変数をもつ問題であるから,二次元空間上のグラフを描くことにより,最適解を求めることができる.この二次元グラフによる解法を通じて,線形計画問題の特徴を明らかにする.このグラフは,次節のシンプレックス法の手続きの説明でも用いる.

3.4.1 生産計画問題

線形計画問題 3.5（生産計画問題）

$$\begin{aligned}
\text{minimize} \quad & z = -3x_1 - 2x_2 && \text{（1日当たりの総利益の} -1 \text{倍）} \\
\text{subject to} \quad & 2x_1 + 5x_2 \leqq 40 && \text{（労働時間制約）} \\
& 3x_1 + x_2 \leqq 30 && \text{（機械稼働時間制約）} \\
& 3x_1 + 4x_2 \leqq 39 && \text{（使用原料制約）} \\
& x_1 \geqq 0,\ x_2 \geqq 0 && \text{（非負条件）}
\end{aligned}$$

この生産計画問題の実行可能領域は，図 3.3 に示す決定変数 x_1, x_2 の二次元空間の斜線の共通領域で表される．

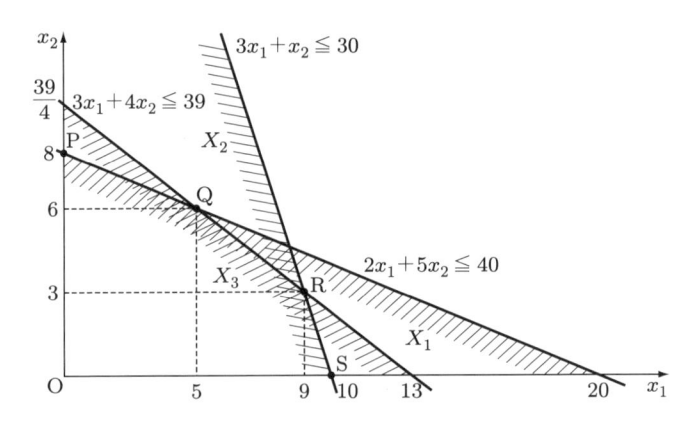

図 3.3 生産計画問題の実行可能領域

まず，非負条件

$$x_1 \geqq 0,\quad x_2 \geqq 0$$

から，図 3.3 の第 1 象限が実行可能領域を含む部分空間となる．次に，不等式制約で表される労働時間の制約条件

$$2x_1 + 5x_2 \leqq 40$$

について考える．不等号 $\leqq$ を等号 $=$ に置き換えた式

$$2x_1 + 5x_2 = 40$$

は，2 点 $(20, 0)$ と $(0, 8)$ を通る直線の方程式であることがわかる．したがって，不等式

$$2x_1 + 5x_2 \leqq 40$$

を満たす第 1 象限内の領域は，原点 O : (0, 0) と 2 点 (20, 0)，(0, 8) で囲まれる三角形の領域 X_1 となる．同様にして，機械稼働時間の制約条件

$$3x_1 + 1x_2 \leqq 30$$

を満たす第 1 象限内の領域は，原点 O : (0, 0) と 2 点 (10, 0)，(0, 30) で囲まれる三角形の領域 X_2 となる．さらに，使用原料の制約条件

$$3x_1 + 4x_2 \leqq 39$$

を満たす第 1 象限内の領域は，原点 O : (0, 0) と 2 点 (13, 0)，(0, 39/4) で囲まれる三角形の領域 X_3 となる．

これら三つの制約条件をすべて満たす実行可能領域は，三つの三角形の領域がすべて重複する領域 $X_1 \cap X_2 \cap X_3$ となり，図 3.3 の五角形 OPQRS で表される．

ここで，点 P は直線 $2x_1 + 5x_2 = 40$ と $x_1 = 0$ の交点であるから (0, 8)，点 Q は直線 $2x_1 + 5x_2 = 40$ と $3x_1 + 4x_2 = 39$ の交点であるから (5, 6)，点 R は直線 $3x_1 + 4x_2 = 39$ と $3x_1 + 1x_2 = 30$ の交点であるから (9, 3)，点 S は直線 $3x_1 + 1x_2 = 30$ と $x_2 = 0$ の交点であるから (10, 0) となる．

すなわち，五角形 OPQRS がすべての制約条件を満たす実行可能領域となる．一般に，実行可能領域はこの例のように多面体となり，このような多面体の頂点を実行可能領域の**端点**とよんでいる．

図 3.3 に示す実行可能領域 OPQRS 内で，1 日当たりの総利益に -1 をかけた目的関数 z を

$$z = -3x_1 - 2x_2$$

と表すと，z を最小化する最適解はどこにあるのだろうか．図 3.3 の実行可能領域 OPQRS を拡大表示して，図 3.4 に示す．

この図の実行可能領域の内部の点，すなわち，内点 T : (5, 3) について考えてみる．この点は，製品 A を 5 kg，製品 B を 3 kg 生産することを意味している．点 T : (5, 3) では，目的関数 z の値は，

$$z = -3x_1 - 2x_2 = -3 \times 5 - 2 \times 3 = -21 \text{ 万円}$$

となる．

点 T : (5, 3) から左右上下に移動して目的関数 z の変化について確認してみる．まず，点 T : (5, 3) を水平に左に移動した点 U : (0, 3) では，

$$z = -3x_1 - 2x_2 = -3 \times 0 - 2 \times 3 = -6 \text{ 万円}$$

となり，水平に右に移動した点 R : (9, 3) では，

$$z = -3x_1 - 2x_2 = -3 \times 9 - 2 \times 3 = -33 \text{ 万円}$$

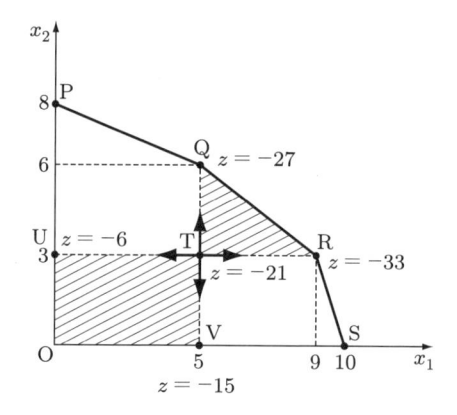

図 3.4　実行可能領域 OPQRS と目的関数値

となる．

一方，点 T：(5, 3) を垂直に上に移動した点 Q：(5, 6) では，

$$z = -3x_1 - 2x_2 = -3 \times 5 - 2 \times 6 = -27 \text{ 万円}$$

となり，垂直に下に移動した点 V：(5, 0) では，

$$z = -3x_1 - 2x_2 = -3 \times 5 - 2 \times 0 = -15 \text{ 万円}$$

となる．

このことから，実行可能領域のうち点 T は，最適解ではないことがわかる．つまり，点 T より上側や右側にある点 Q や点 R のほうがより小さい目的関数値を与えている．これは目的関数の係数がすべて負であるためである．実際，目的関数の係数がすべて負なので，点 T より右上の実行可能領域である三角形 TQR は点 T における目的関数値以下の値になることがわかる．

これらの考察から，一般に目的関数の係数が正であっても負であっても，点 T のような実行可能領域の内点よりも，点 Q や点 R のような実行可能領域上の境界上に必ず目的関数を改善する点が存在している．すなわち，線形計画問題の最適解は実行可能領域内部ではなく，常に実行可能領域の境界上に存在する．

次に，目的関数の等高線を描くことにより最適解を視覚的に求めてみる．ここで，目的関数の等高線とは，目的関数値 z がある特定の値をとる決定変数の組の集合である．とくに，目的関数

$$z = -3x_1 - 2x_2$$

に対しては，z をある定数に設定した場合，目的関数の等高線は直線になる．図 3.5 では，$z = -15, -21, -27, -33$ と設定した場合の等高線を描いている．

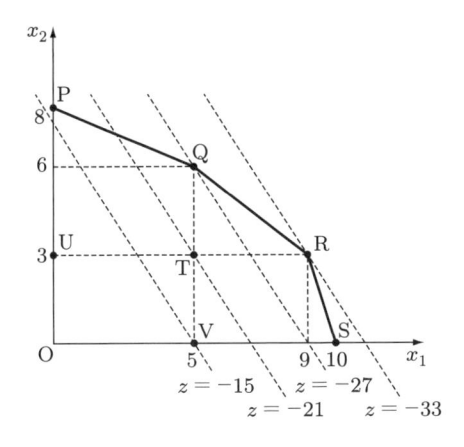

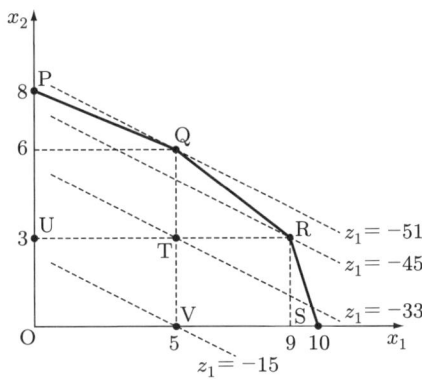

図 3.5 目的関数 $z = -3x_1 - 2x_2$ の等高線

図 3.6 目的関数 $z_1 = -3x_1 - 6x_2$ の等高線

この図から明らかなように，原点から離れていくほど等高線の定数 z は小さくなり，目的関数値は改善する．この問題では，目的関数値は点 R で最小となることがわかる．

仮に，目的関数の係数が次のように変更された別の目的関数 z_1 についても考えてみる．

$$z_1 = -3x_1 - 6x_2$$

この場合，4本の等高線 $z_1 = -15, -33, -45, -51$ は図 3.6 のようになり，この図から明らかに点 Q が最適解となり，最適目的関数値は，

$$z_1 = -3 \times 5 - 6 \times 6 = -51$$

となる．

さらに，目的関数の係数が変更された別の目的関数 z_2 についても考えてみる．

$$z_2 = -3x_1 - 4x_2$$

この場合，3本の等高線 $z_2 = -15, -27, -39$ は図 3.7 のようになり，点 Q と点 R を結ぶ直線上の任意の点が最適解となり，最適解は無数に存在する．この場合，最適目的関数値は，

$$z_2 = -3 \times 5 - 4 \times 6 = -3 \times 9 - 4 \times 3 = -39$$

となる．

3種類の目的関数の等高線を用いた考察から，最適解は実行可能領域の端点あるいは端点間の線分に存在することがわかる．最適解が唯一の場合，最適解は**一意**であるといい，その最適解は端点にある．最適解が複数存在する場合，最適解は一意でない

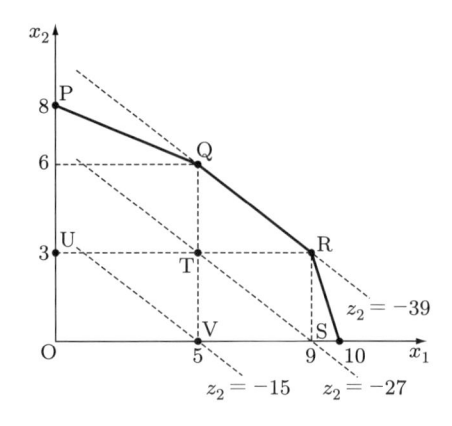

図 3.7 目的関数 $z_2 = -3x_1 - 4x_2$ の等高線

といい，それらはすべて実行可能領域の境界線上に存在する．したがって，生産計画問題の最適解を探索するためには，図 3.4 に示す実行可能領域 OPQRS の端点における目的関数値のみを計算するだけで十分であることがわかる．

図 3.5 の等高線から最適目的関数値が点 R で得られることがわかるが，念のため，端点 O : (0, 0)，P : (0, 8)，Q : (5, 6)，R : (9, 3)，S : (10, 0) における目的関数値を計算すると，次のようになる．

点 O : $z = -3x_1 - 2x_2 = -3 \times 0 - 2 \times 0 = 0$

点 P : $z = -3x_1 - 2x_2 = -3 \times 0 - 2 \times 8 = -16$

点 Q : $z = -3x_1 - 2x_2 = -3 \times 5 - 2 \times 6 = -27$

点 R : $z = -3x_1 - 2x_2 = -3 \times 9 - 2 \times 3 = -33$

点 S : $z = -3x_1 - 2x_2 = -3 \times 10 - 2 \times 0 = -30$

図 3.5 の等高線から予想されるとおり，点 R が最適目的関数値となることが確認できた．すなわち，製品 A を 9 kg，製品 B を 3 kg 生産することにより，最大化された総利益 33 万円を得ることができる．さらに，点 R における制約式左辺の資源使用量について確認しておく．

労働時間制約： $2x_1 + 5x_2 = 2 \times 9 + 5 \times 3 = 33 \leqq 40$

機械稼働時間制約： $3x_1 + 1x_2 = 3 \times 9 + 1 \times 3 = 30$

使用原料制約： $3x_1 + 4x_2 = 3 \times 9 + 4 \times 3 = 39$

このことから最適解では，労働時間は上限値に対して 7 時間分の余裕があるが，それ以外の機械稼働時間や使用原料は上限値まで使用されていることがわかる．機械稼働時間制約や使用原料制約では，右辺の利用可能資源量の上限値まで使い切っており，

等式として成立している．このような制約式を**活性制約式**という．あるいは，単に制約式は**活性**であるという．これに対して労働時間は 7 時間分未使用であり，等式として成立していない．このことを**スラック**があるといい，制約式は**不活性**であるという．

3.4.2 飼料配合問題

線形計画問題 3.6（飼料配合問題）

$$
\begin{aligned}
\text{minimize} \quad & z = 9x_1 + 15x_2 & &\text{（総費用を表す目的関数）}\\
\text{subject to} \quad & 9x_1 + 2x_2 \geq 54 & &\text{（栄養素 C に関する制約条件）}\\
& 1x_1 + 5x_2 \geq 25 & &\text{（栄養素 D に関する制約条件）}\\
& 1x_1 + 1x_2 \geq 13 & &\text{（栄養素 E に関する制約条件）}\\
& x_1 \geq 0,\ x_2 \geq 0 & &\text{（非負条件）}
\end{aligned}
$$

飼料配合問題を生産計画問題と同様に，決定変数 x_1, x_2 の二次元空間上で説明する．3 本の制約式と決定変数の非負条件を満たす実行可能領域は，不等式の向きに注意すれば，図 3.8 の斜線の領域になる．

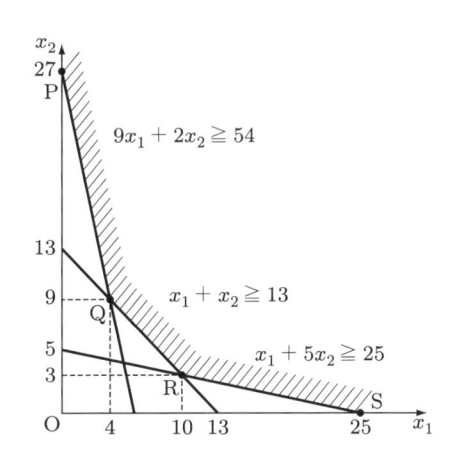

図 3.8 飼料配合問題の実行可能領域

生産計画問題の場合，図 3.3 からわかるように，実行可能領域は決定変数 x_1, x_2 に対して上限値と下限値が存在する**有界**な領域であったが，図 3.8 の実行可能領域では決定変数 x_1, x_2 の上限値が存在しないことに注意すること．

次に，図 3.8 の端点 P，Q，R，S の座標を求めてみる．ここで，点 P は直線

$9x_1 + 2x_2 = 54$ と $x_1 = 0$ の交点であるから $(0, 27)$，点 Q は直線 $9x_1 + 2x_2 = 54$ と $1x_1 + 1x_2 = 13$ の交点であるから $(4, 9)$，点 R は直線 $1x_1 + 1x_2 = 13$ と $1x_1 + 5x_2 = 25$ の交点であるから $(10, 3)$，点 S は直線 $1x_1 + 5x_2 = 25$ と $x_2 = 0$ の交点であるから $(25, 0)$ となる．すでに生産計画問題で説明したように，最適解は端点で得られることがわかっているので，端点 P, Q, R, S における目的関数値を求めてみる．

$$\text{点 P}: z = 9x_1 + 15x_2 = 9 \times 0 + 15 \times 27 = 405 \text{ 円}$$
$$\text{点 Q}: z = 9x_1 + 15x_2 = 9 \times 4 + 15 \times 9 = 171 \text{ 円}$$
$$\text{点 R}: z = 9x_1 + 15x_2 = 9 \times 10 + 15 \times 3 = 135 \text{ 円}$$
$$\text{点 S}: z = 9x_1 + 15x_2 = 9 \times 25 + 15 \times 0 = 225 \text{ 円}$$

したがって，端点 R で最適となり，最小化された総費用は 135 円となる．このとき，原料 A，原料 B の 1 日当たりの配合量はそれぞれ 10 g と 3 g になる．図 3.9 は，端点 P, Q, R, S を通る目的関数の等高線を描いている．

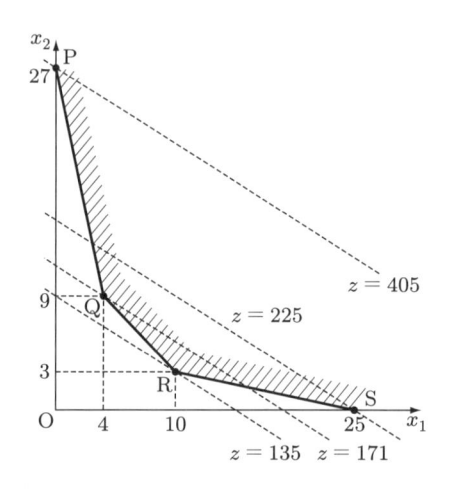

図 3.9 目的関数 $z = 9x_1 + 15x_2$ の等高線

この図から明らかなように，目的関数値は原点に近づくほど小さくなり，端点 R で最小となっていることがわかる．

端点 R における各栄養素 C, D, E の含有量について確認しておく．

$$\text{栄養素 C に関する制約}: 9x_1 + 2x_2 = 9 \times 10 + 2 \times 3 = 96 \geqq 54$$
$$\text{栄養素 D に関する制約}: 1x_1 + 5x_2 = 1 \times 10 + 5 \times 3 = 25$$
$$\text{栄養素 E に関する制約}: 1x_1 + 1x_2 = 1 \times 10 + 1 \times 3 = 13$$

これらの計算により，最適配合量

$$(x_1^*, x_2^*) = (10, 3)$$

では栄養素 C については，

$$96 - 54 = 42 \text{ mg}$$

だけ余分に与えることになるが，栄養素 D，栄養素 E の含有量は 1 日当たりの必要量に等しいことがわかる．すなわち，端点 R において，栄養素 C に関する制約は不活性であるが，栄養素 D，栄養素 E に関する制約は活性である．ただし，生産計画問題の場合と異なり，栄養素 C の制約は「スラックがある」ということではなく，「過剰に満たしている」ことになる．

■3.5 シンプレックス法

前節では，2 変数の線形計画問題に対してグラフを用いて最適解を求めたが，現実の意思決定状況を反映する線形計画問題では決定変数や制約式の数が多く，通常，グラフを用いて解くことはできない．また，決定変数や制約式の数が増えると，同時に端点の数も飛躍的に増えるため，すべての端点を一つずつ数え上げる方法では非効率である．1947 年，G.B. Danzig により開発された**シンプレックス法**は，線形計画問題を効率的に解くために提案された反復アルゴリズムで，単純な反復手続きをとおして解の候補が逐次改善され，最終的に最適解が導出される．この解候補は端点に対応しており，隣接する端点に移動することを繰り返して最適解に到達する．シンプレックス法のアルゴリズムは，計算効率を改善するため種々改良され，現在，商用ソフトウェアとして販売されているだけでなく，次節で紹介するように Excel のソルバー機能にも組み込まれており，Excel で扱える規模の線形計画問題は容易に解くことができるようになっている．

ここでは，生産計画問題と飼料配合問題を用いて，シンプレックス法のアルゴリズムを詳しく解説する．解の候補を探索するとき，すでに述べたように実行可能領域の端点のみを調べれば十分である．生産計画問題の端点は，二次元決定変数空間上で線形不等式を等式制約に変換して連立方程式を解くことにより求めたが，シンプレックス法でも同様に，連立方程式から端点を系統的に探索する．

3.5.1 生産計画問題

シンプレックス法では，すべての制約式が等式制約式で表される**標準形**の線形計画問題に変換することからはじめる．生産計画問題の制約式では，「何々以下」を意味する不等号 $\leqq$ のみが用いられている．この不等号 $\leqq$ を含む不等式制約は**スラック変数**を

導入することにより等式制約に変換できる．スラック変数 s_1, s_2, s_3 ($s_1 \geqq 0$, $s_2 \geqq 0$, $s_3 \geqq 0$) を導入すれば，生産計画問題は，等価的に次のような標準形の線形計画問題として表すことができる．

線形計画問題 3.7

minimize $\quad z = -3x_1 - 2x_2 + 0s_1 + 0s_2 + 0s_3$
subject to $\quad 2x_1 + 5x_2 + 1s_1 + 0s_2 + 0s_3 = 40$
$\qquad\qquad 3x_1 + 1x_2 + 0s_1 + 1s_2 + 0s_3 = 30$
$\qquad\qquad 3x_1 + 4x_2 + 0s_1 + 0s_2 + 1s_3 = 39$
$\qquad\qquad x_1 \geqq 0,\ x_2 \geqq 0,\ s_1 \geqq 0,\ s_2 \geqq 0,\ s_3 \geqq 0$

ここで，本来の決定変数 x_1, x_2 とスラック変数を区別するため，スラック変数を s_1, s_2, s_3 と表しているが，同じ決定変数であることに注意すること．

このような標準形の線形計画問題において，スラック変数を消去すれば，

$$s_1 = 40 - (2x_1 + 5x_2) \geqq 0$$
$$s_2 = 30 - (3x_1 + 1x_2) \geqq 0$$
$$s_3 = 39 - (3x_1 + 4x_2) \geqq 0$$

となり，もとの問題と完全に一致することを確認しておくこと．シンプレックス法では，標準形の線形計画問題は，最適解を導出するまで繰り返し等価的に等式変換されることになる．

たとえば，1 番目の等式の代わりに，2 番目の等式の両辺を 5 倍して 1 番目の等式から両辺ともに引算して得られる等式に置き換えても，もとの 3 本の等式とは数学的には等価である．ただし，変換された等式には，たとえば，労働時間制約や機械稼働時間制約のように，現実の制約条件が有する具体的な意味をもたせることはできない．

シンプレックス法では，このような等式を等価的に変換する作業を繰り返すので，便宜上，等式制約に変換された標準形の線形計画問題の係数のみに着目し，係数を表形式に表した**シンプレックス・タブロー**を用いて等価的な等式変換を行う．表 3.3 に，生産計画問題の初期シンプレックス・タブローを示す．

シンプレックス・タブローと端点の対応関係について，明らかにしておく．線形等式の連立方程式において，等式の数と決定変数の数は同じでなければ一意的な解を求めることができない．生産計画問題では，3 本の等式制約式に対して五つの変数が含まれるので，五つの変数のうち二つを 0 とすれば，連立 3 元一次方程式となる．このような連立方程式から得られる解を**基底解**とよぶ．値を 0 とした変数を**非基底変数**，

表 3.3 　生産計画問題の初期シンプレックス・タブロー（端点 O）

基底	x_1	x_2	s_1	s_2	s_3	資源量	比　　率
s_1	2	5	1	0	0	40	$\frac{40}{2} = 20$
s_2	⒊	1	0	1	0	30	$\frac{30}{3} = \boxed{10}$
s_3	3	4	0	0	1	39	$\frac{39}{3} = 13$
$-z$	$\boxed{-3}$	-2	0	0	0	0	

表 3.4 　生産計画問題の基底解

端点	x_1	x_2	s_1	s_2	s_3	実行可能	z
O	0	0	40	30	39	Yes	0
P	0	8	0	22	7	Yes	-16
Q	5	6	0	14	0	Yes	-27
R	9	3	7	0	0	Yes	-33
S	10	0	20	0	9	Yes	-30
A	0	30	-110	0	-81	No	—
B	0	$\frac{39}{4}$	$-\frac{35}{4}$	$-\frac{81}{4}$	0	No	—
C	$\frac{110}{13}$	$\frac{60}{13}$	0	0	$-\frac{63}{13}$	No	—
D	13	0	-14	-9	0	No	—
E	20	0	0	-30	-21	No	—

それ以外の一般には 0 ではない変数を**基底変数**という．基底解の総数は，5 変数から 3 変数を選択する組合せの数

$$_5C_2 = \frac{5!}{2! \times 3!} = \frac{5 \times 4}{2 \times 1} = 10$$

だけ存在する．表 3.4 に，10 種類の連立 3 元一次方程式の解，すなわち，基底解を示す．

表 3.4 から明らかなように，変数の非負条件を満たす基底解と満たさない基底解が存在する．非負条件を満たす基底解を**実行可能基底解**，満たさない基底解を**非実行可能基底解**とよぶ．

表 3.4 からこの問題では，実行可能基底解が五つ，非実行可能基底解が五つ存在することがわかる．図 3.10 に，五つの実行可能基底解 O，P，Q，R，S と五つの非実行可能基底解 A，B，C，D，E の決定変数空間上での位置を示す．

この図から明らかなように，基底解はすべての制約式と座標軸 x_1，x_2 の間の交点に

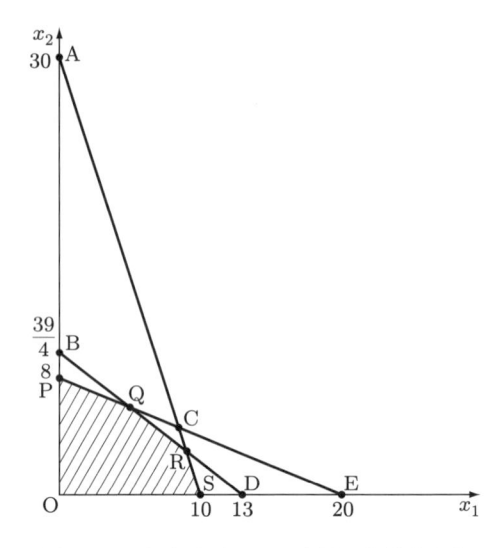

図 3.10 生産計画問題の実行可能基底解と
非実行可能基底解

対応していることがわかる．

　一般に，等式制約式の数を m，変数の数を n とする．ただし，$n \geqq m$ とする．このとき，$n-m$ 個の変数を 0 と置くことにより，基底解は n から m を選択する組合せの数 ${}_nC_m$ だけ存在することになる．

　大規模な線形計画問題では n や m の数が大きくなり，組合せ総数 ${}_nC_m$ も膨大な数になるが，通常，非負条件を満たす実行可能基底解は基底解全体の集合のごく一部となる場合が多い．シンプレックス法は，実行可能領域の端点となる実行可能基底解のみを逐次的に探索するアルゴリズムである．

　表 3.4 の基底解集合のなかで，実行可能基底解 O，P，Q，R，S のみに注目する．図 3.10 から，端点 O と端点 P，端点 P と端点 Q，端点 Q と端点 R，端点 R と端点 S，端点 S と端点 O は，それぞれ互いに隣接する端点である．これらの互いに隣接する端点の座標を表 3.4 で確認すれば，隣接端点の三つの基底変数のうち二つは共通していることがわかる．

　たとえば，端点 O の基底変数は s_1，s_2，s_3 であり，隣接する端点 P の基底変数は x_2，s_2，s_3 である．この隣接端点の組では，s_2 と s_3 が共通している．すなわち，図 3.10 の実行可能領域上の任意の端点から隣接端点に移動するためには，基底変数を一つだけ入れ替えればよいことがわかる．

　シンプレックス法のアルゴリズムでは，ある端点から出発して，その端点に対応する基底変数を一つだけ入れ替えるという操作を繰り返すことにより，隣接する端点に

次々と移動し，最終的に最適解に到達することが保証されている．このようなシンプレックス法のアルゴリズムは，次に要約される．

シンプレックス法のアルゴリズム

手順1：対象とする線形計画問題における不等式制約式を，すべて等式制約式に変換して標準形のシンプレックス・タブローを作成する．
手順2：初期の実行可能な基底解を生成する．
手順3：対象とする基底解が最適であるかどうかを判定する．もし，最適ならば手順5へ，そうでなければ手順4へいく．
手順4：基底に入る変数と基底から出ていく変数を決定して，目的関数を改善する新たな基底解である隣接端点を生成し，手順3へいく．
手順5：複数の最適解が存在する場合，ほかの最適な基底解を探索する．

図3.11 シンプレックス法の流れ図

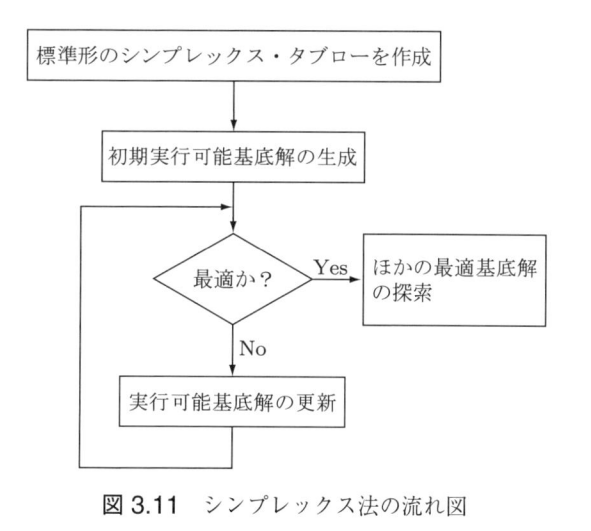

表3.3の初期シンプレックス・タブローにおいて，原点である端点Oに関しては，すべての変数の値が非負なので実行可能基底解である．この解を初期解として採用する．すなわち，非基底変数として，

$$(x_1, x_2) = (0, 0)$$

と設定すれば，3本の等式制約が成立するためには，

$$(s_1, s_2, s_3) = (40, 30, 39)$$

でなければならない．これらは非負条件を満たしているので，

$$(x_1, x_2, s_1, s_2, s_3) = (0, 0, 40, 30, 39)$$

は実行可能な初期基底解である．このとき，x_1, x_2 が非基底変数であり，s_1, s_2, s_3 が基底変数となる．とくに，ある変数が基底変数となるとき，この変数は**基底に入る**という．この場合，「s_1, s_2, s_3 は基底に入る」と表現する．表 3.3 のシンプレックス・タブローの第 1 列（基底の列）には基底変数が明記されており，第 7 列（資源量の列）には対応する基底変数の値が示されていることに注意すること．

端点 O における目的関数 z の値は，

$$z = -3x_1 - 2x_2 + 0s_1 + 0s_2 + 0s_3$$
$$= -3 \times 0 - 2 \times 0 + 0 \times 40 + 0 \times 30 + 0 \times 39 = 0$$

となる．この目的関数 z の値は，第 5 行（$-z$ の行）第 7 列（資源量の列）に示している．初期実行可能基底解（端点 O）から出発して，一つの基底変数と一つの非基底変数を入れ替えて，次の隣接端点である実行可能解に移動する．端点間の移動をわかりやすく表示するため，シンプレックス法では，各端点ごとに目的関数や制約式の係数を表で表したタブローを用いる．

初期シンプレックス・タブローにおいて，$-z$ と表示されている第 5 行は，非基底変数が 1 単位増加したときの目的関数の変化量と，この非基底変数の増加に伴って等式制約を満たすために基底変数の値を調整したときの目的関数の変化量の和を示している．すなわち，最後の行は，すべての等式制約を満たしつつ，非基底変数を 1 単位増加させたときの目的関数の変化量，すなわち，感度を表している．この感度を**シンプレックス基準**とよんでいる．

たとえば，非基底変数 x_1 が 1 単位増加したとき目的関数 z は，

$$z = -3x_1 - 2x_2 + 0s_1 + 0s_2 + 0s_3$$
$$\Downarrow$$
$$z + \Delta z_1 = -3(x_1 + 1) - 2x_2 + 0s_1 + 0s_2 + 0s_3$$

となるので，目的関数 z の増加量は $\Delta z_1 = -3$ である．したがって，端点 O から，非基底変数 x_1 を 1 単位増加させると目的関数は 3 単位減少（改善）する．一方，非基底変数 x_1 を 1 単位増加させることにより，表 3.3 の第 2 列（x_1 の列）に示すように，3 本の等式制約の左辺がそれぞれ 2 単位，3 単位，3 単位増加して，次に示すように右辺の資源量と一致しなくなる．

$$2(x_1 + 1) + 5x_2 + 1s_1 + 0s_2 + 0s_3 = (40 + 2) \neq 40$$
$$3(x_1 + 1) + 1x_2 + 0s_1 + 1s_2 + 0s_3 = (30 + 3) \neq 30$$
$$3(x_1 + 1) + 4x_2 + 0s_1 + 0s_2 + 1s_3 = (39 + 3) \neq 39$$

ここで，x_1, x_2 は非基底変数なので，

$$x_1 = 0, \quad x_2 = 0$$

であることに注意すること．現時点の基底変数の値

$$(s_1, s_2, s_3) = (40, 30, 39)$$

を，

$$(s_1, s_2, s_3) = (40 - 2, 30 - 3, 39 - 3) = (38, 27, 36)$$

に変更することで，次のように等式制約が成立することになる．

$$2(x_1 + 1) + 5x_2 + 1(s_1 - 2) + 0s_2 + 0s_3 = 40$$
$$3(x_1 + 1) + 1x_2 + 0s_1 + 1(s_2 - 3) + 0s_3 = 30$$
$$3(x_1 + 1) + 4x_2 + 0s_1 + 0s_2 + 1(s_3 - 3) = 39$$

したがって，非基底変数 x_1 を 1 単位増加させると，基底変数 s_1, s_2, s_3 の値をそれぞれ 2 単位，3 単位，3 単位減少させて，等式制約を成立させなければならない．その結果，目的関数 z は，

$$z = -3x_1 - 2x_2 + 0s_1 + 0s_2 + 0s_3$$
$$\Downarrow$$
$$z + \Delta z_2 = -3x_1 - 2x_2 + 0(s_1 - 2) + 0(s_2 - 3) + 0(s_3 - 3)$$

となるので，目的関数の変化量 Δz_2 は，

$$\Delta z_2 = 0 \times (-2) + 0 \times (-3) + 0 \times (-3) = 0$$

となる．したがって，非基底変数 x_1 が 1 単位増加したときの目的関数 z の直接の変化量 $\Delta z_1 = -3$ と，制約式を満たすように基底変数 s_1, s_2, s_3 を調整することによる目的関数の変化量 $\Delta z_2 = 0$ を合わせて，$\Delta z_1 + \Delta z_2 = -3$ が目的関数の変化量となる．したがって，非基底変数 x_1 の目的関数 z に対する感度は，

$$\frac{\Delta z}{\Delta x_1} = \Delta z_1 + \Delta z_2 = -3 + 0 = -3$$

となる．この値は**シンプレックス基準**とよばれ，表 3.3 の初期シンプレックス・タブローの第 5 行（$-z$ の行）第 2 列（x_1 の列）に示している．ほかの変数 x_2, s_1, s_2, s_3 に対しても同様に，目的関数 z に対する各変数の感度であるシンプレックス基準を計算して，初期シンプレックス・タブローの第 5 行（$-z$ の行）に示している．

一般に，非基底変数 x_j のシンプレックス基準は，非基底変数の目的関数の係数 c_j から，現在の基底変数の目的関数の係数とシンプレックス・タブローの x_j 列の積和を引いた値である．すなわち，非基底変数 x_1 のシンプレックス基準は，

$$-3 - (0 \times 2 + 0 \times 3 + 0 \times 3) = -3$$

と計算され，x_2 のシンプレックス基準は，

$$-2 - (0 \times 5 + 0 \times 1 + 0 \times 4) = -2$$

と計算できる．

一方，基底変数 s_1, s_2, s_3 に対するシンプレックス基準は，基底変数の値を 1 単位増加させることによる目的関数の変化量と，制約式を満足させるために同じ基底変数の値を 1 単位減少させることによる目的関数の変化量が相殺されて，常に 0 になることに注意すること．

各端点における目的関数に対する各変数の感度を表すシンプレックス基準を，より系統的に導出できる別の方法について説明しておく．目的関数

$$z = -3x_1 - 2x_2 + 0s_1 + 0s_2 + 0s_3$$

において z は関数であるが，あたかも一つの変数とみなすことにより，

$$-z + (-3x_1 - 2x_2 + 0s_1 + 0s_2 + 0s_3) = 0$$

と表すことができる．z を一つの変数と考えれば，この式は等式制約式とみなすことができる．等式制約式どうしをそれぞれ定数倍して加減演算しても，もとの等式と等価なので，基底変数 s_1, s_2, s_3 にかかる係数がすべて 0 になるように 3 本の等式制約式を用いて，目的関数の等式制約式に対して加減演算を施すことができる（この場合，すでに基底変数 s_1, s_2, s_3 にかかる係数がすべて 0 なので，この操作は不要である）．

シンプレックス基準は，目的関数 z をあたかも変数のようにみなした等式

$$-z + (-3x_1 - 2x_2 + 0s_1 + 0s_2 + 0s_3) = 0$$

の各係数として求められる．なぜなら，非基底変数 x_1 を一単位増加させたときに 3 本の等式制約式を満たすよう基底変数 s_1, s_2, s_3 を，

$$(\Delta s_1, \Delta s_2, \Delta s_3) = (2, 3, 3)$$

だけ減少させても等式

$$-z + (-3x_1 - 2x_2 + 0s_1 + 0s_2 + 0s_3) = 0$$

における基底変数 s_1, s_2, s_3 の係数がすべて 0 なので，z の値に影響がないからである．

したがって，基底変数の係数がすべて 0 ならば，非基底変数にかかる係数そのものが目的関数に対する感度を表すことになる．表 3.3 の初期シンプレックス・タブローの第 5 行は，等式

$$-z + (-3x_1 - 2x_2 + 0s_1 + 0s_2 + 0s_3) = 0$$

の各係数 $-3, -2, 0, 0, 0$ を並べることにより得られる．一方，非基底変数 x_1, x_2 の

値はすべて 0 であり，基底変数 s_1, s_2, s_3 の係数が 0 であることから，実行可能基底解

$$(x_1, x_2, s_1, s_2, s_3) = (0, 0, 40, 30, 39)$$

における目的関数 z の値は右辺の定数値 0 に等しい．したがって，シンプレックス・タブローの第 5 行（$-z$ の行）第 7 列（資源量の列）に，この等式の右辺の定数値 0 を記入すればよい．

シンプレックス基準は変数 1 単位の増加による目的関数の感度なので，シンプレックス基準ができる限り小さい負の値をもつ非基底変数を基底に入れることにより，目的関数の改善（減少）がもっとも期待できる[1]．

もし，すべてのシンプレックス基準が 0 以上ならば，どの非基底変数を基底に入れても目的関数は改善（減少）せず，この事実から現在の解が最適であることがわかる．表 3.3 の初期シンプレックス・タブローにおいて，シンプレックス基準の最小値は -3 であるから，現在の解は最適解ではなく，対応する非基底変数 x_1 を基底に入れることにより目的関数が改善できる．表 3.3 では，負の最小値 -3 を四角で囲んでいる．

新たに基底に入る非基底変数 x_1 を決定したあと，基底から出ていく基底変数を s_1, s_2, s_3 のなかから見つけ出し，基底の入れ替えを行うことにより隣接端点に移動する．基底変数 s_1, s_2, s_3 のなかで，どの変数を非基底変数にすればよいだろうか．基底に入る非基底変数 x_1 を 0 から Δx_1 だけ増加させた場合の三つの等式制約は，非基底変数 x_2 を $x_2 = 0$ に固定すれば，次のように表すことができる．

$$2\Delta x_1 + 1s_1 + 0s_2 + 0s_3 = 40$$
$$3\Delta x_1 + 0s_1 + 1s_2 + 0s_3 = 30$$
$$3\Delta x_1 + 0s_1 + 0s_2 + 1s_3 = 39$$

Δx_1 を 0 から少しずつ増加させていったとき，s_1, s_2, s_3 の非負条件

$$s_1 = 40 - 2\Delta x_1 \geq 0$$
$$s_2 = 30 - 3\Delta x_1 \geq 0$$
$$s_3 = 39 - 3\Delta x_1 \geq 0$$

から，それぞれ増分 Δx_1 は，

$$\Delta x_1 \leq \frac{40}{2} = 20, \quad \Delta x_1 \leq \frac{30}{3} = 10, \quad \Delta x_1 \leq \frac{39}{3} = 13$$

を満たさなければならない．Δx_1 が 10 を超えると s_2 が最初に負となるので，非基底

---

[1] 最小の係数をもつ非基底変数を基底に入れることによって，目的関数をもっとも大きく改善させるという保証は必ずしもなく，シンプレックス基準の数値はあくまでも対応する非基底変数の微小変化に対する目的関数の変化の度合いを表しているにすぎないことに注意すること．

変数 x_1 は 0 から $\Delta x_1 = 10$ までしか大きくすることができない.非基底変数 x_1 を,0 から 10 だけ増加させたとき,すなわち,

$$\Delta x_1 = 10$$

としたとき,基底変数 s_2 が 0 になるので,s_2 が基底から出して非基底変数にすべき変数となる.

シンプレックス・タブローにおいて,新たに基底に入る変数の列と基底から出ていく変数の行の交点を**ピボット項**とよぶ.表 3.3 の初期シンプレックス・タブローにおいてピボット項の行を発見するには,第 2 列(x_1 の列)の値 (2, 3, 3) で第 7 列(資源量の列)の値 (40, 30, 39) をそれぞれ割算した比率 40/2, 30/3, 39/3 を資源量の列の右側(第 8 列目)に書き込む.これらの比率の最小値は,

$$\min\left\{\frac{40}{2}, \frac{30}{3}, \frac{39}{3}\right\} = \min\{20, 10, 13\} = 10$$

となり,正の比率の最小値 10 を与える.ここで,min{ } は { } 内の最小値を意味する.表 3.3 では,正の比率の最小値 10 を四角で囲んでいる.s_2 の行(第 3 行)と新たに基底に入る x_1 の列(第 2 列)との交点がピボット項であるが,表 3.3 ではピボット項 3 は楕円で囲んでいる.

ピボット項が見つかると,次に詳述する**ピボット操作**により,基底変数の組 (s_1, s_2, s_3) に対応する端点から,新たな基底変数の組 (s_1, x_1, s_3) に対応する端点に移動することになる.この操作は,図 3.10 の実行可能領域では,端点 O から端点 S に移動することに対応する.そのため,基底変数が s_1, s_2, s_3 で非基底変数が x_1, x_2 である表 3.3 の初期シンプレックス・タブローから,基底変数が s_1, x_1, s_3 で非基底変数が x_2, s_2 となるシンプレックス・タブローに変換しなければならない.x_1 を基底変数とするために,表 3.3 の初期シンプレックス・タブローのピボット項を含む第 3 行(s_2 の行)に対応する等式制約式

$$\boxed{3}\,x_1 + 1x_2 + 0s_1 + 1s_2 + 0s_3 = 30$$

をピボット項の値 3 で両辺を割算すると,次の等式を得る.

$$1x_1 + \frac{1}{3}x_2 + 0s_1 + \frac{1}{3}s_2 + 0s_3 = 10$$

第 2 行(s_1 の行)に対応する等式制約式から x_1 を消去する.すなわち,第 2 行(s_1 の行)第 2 列(x_1 の行)の係数 2 を 0 にするために,上の等式の両辺を 2 倍して,第 2 行(s_1 の行)に対応する等式制約

$$2x_1 + 5x_2 + 1s_1 + 0s_2 + 0s_3 = 40$$

から引き算すれば,x_1 の項を消去できる.すなわち,

$$\begin{array}{rl}
& 2x_1 \quad +5x_2 \quad +1s_1 \quad +0s_2 \quad +0s_3 \quad = \quad 40 \\
-) & 2\times\left(1x_1 \quad +\dfrac{1}{3}x_2 \quad +0s_1 \quad +\dfrac{1}{3}s_2 \quad +0s_3\right) = 2\times 10 \\
\hline
& 0x_1 \quad +\dfrac{13}{3}x_2 \quad +1s_1 \quad -\dfrac{2}{3}s_2 \quad +0s_3 \quad = \quad 20
\end{array}$$

となる.

同様に,第4行(s_3の行)に対応する等式制約式からx_1を消去する.すなわち,第4行(s_3の行)第2列(x_1の行)の係数3を0にするために,

$$1x_1 + \frac{1}{3}x_2 + 0s_1 + \frac{1}{3}s_2 + 0s_3 = 10$$

の両辺を3倍して,第4行(s_3の行)に対応する等式制約式

$$3x_1 + 4x_2 + 0s_1 + 0s_2 + 1s_3 = 39$$

から引き算すれば,第4行(s_3の行)に対応する等式制約式から,x_1の項が次のように消去できる.

$$\begin{array}{rl}
& 3x_1 \quad +4x_2 \quad +0s_1 \quad +0s_2 \quad +1s_3 \quad = \quad 39 \\
-) & 3\times\left(1x_1 \quad +\dfrac{1}{3}x_2 \quad +0s_1 \quad +\dfrac{1}{3}s_2 \quad +0s_3\right) = 3\times 10 \\
\hline
& 0x_1 \quad +3x_2 \quad +0s_1 \quad -1s_2 \quad +1s_3 \quad = \quad 9
\end{array}$$

このような3本の等式制約式の変換の結果,端点Oに対応する初期シンプレックス・タブローは,端点Sに対応するシンプレックス・タブローに置き換えられる.この結果を,表3.5の第2行から第4行までに示している.

端点Sにおけるシンプレックス基準は同様な手順で求められる.第5行($-z$の行)に対応する等式制約式からx_1を消去する.すなわち,第5行($-z$の行)第2列(x_1の行)の係数-3を0にするために,

表3.5 生産計画問題のシンプレックス・タブロー(端点S)

基底	x_1	x_2	s_1	s_2	s_3	資源量	比率
s_1	0	$\dfrac{13}{3}$	1	$-\dfrac{2}{3}$	0	20	$20/\dfrac{13}{3}=\dfrac{60}{13}$
x_1	1	$\dfrac{1}{3}$	0	$\dfrac{1}{3}$	0	10	$10/\dfrac{1}{3}=30$
s_3	0	$\boxed{3}$	0	-1	1	9	$\dfrac{9}{3}=\boxed{3}$
$-z$	0	$\boxed{-1}$	0	1	0	30	

$$1x_1 + \frac{1}{3}x_2 + 0s_1 + \frac{1}{3}s_2 + 0s_3 = 10$$

の両辺を 3 倍して，第 5 行（$-z$ の行）に対応する等式制約式

$$-z + (-3x_1 - 2x_2 + 0s_1 + 0s_2 + 0s_3) = 0$$

との和をとれば，第 5 行（$-z$ の行）に対応する等式制約式から，x_1 の項が，

$$
\begin{array}{rrrrrrr}
 & 3x_1 & +1x_2 & +0s_1 & +1s_2 & +0s_3 & = 30 \\
+) \ -z & +(-3x_1 & -2x_2 & +0s_1 & +0s_2 & +0s_3) & = 0 \\
\hline
-z & +(0x_1 & -1x_2 & +0s_1 & +1s_2 & +0s_3) & = 30
\end{array}
$$

のように消去できる．

この式の係数がシンプレックス基準を表しており，表 3.5 の第 5 行（$-z$ の行）にこれらの係数を示している．得られた式において，基底変数 x_1, s_1, s_3 の係数はすべて 0 であり，非基底変数 x_2, s_2 の値は 0 なので，右辺の値 30 は，$-z = 30$ となり，目的関数 z の値は -30 に改善（減少）されていることがわかる．

シンプレックス基準が目的関数に対する決定変数の感度を表していることを，非基底変数 x_2 について確認しておく．まず，非基底変数 x_2 を 1 単位増加させると，目的関数 z は，

$$z = -3x_1 - 2x_2 + 0s_1 + 0s_2 + 0s_3$$

なので，その変化量は $\Delta z_1 = -2$ となる．一方，3 本の等式制約式の左辺がそれぞれ 13/3 単位, 1/3 単位, 3 単位だけ増加して，右辺の資源量と一致しなくなる．そこで，現時点の基底変数

$$(s_1, x_1, s_3) = (20, 10, 9)$$

を，

$$(s_1, x_1, s_3) = \left(20 - \frac{13}{3}, 10 - \frac{1}{3}, 9 - 3\right) = \left(\frac{47}{3}, \frac{29}{3}, 6\right)$$

に変更することで等式制約式が成立することになる．したがって，等式制約式を満たすための基底変数の変化量 $(\Delta s_1, \Delta x_1, \Delta s_3)$ は，

$$(\Delta s_1, \Delta x_1, \Delta s_3) = \left(-\frac{13}{3}, -\frac{1}{3}, -3\right)$$

であり，このことによる目的関数の変化量 Δz_2 は，

$$\Delta z_2 = 0 \times \left(-\frac{13}{3}\right) - 3 \times \left(-\frac{1}{3}\right) + 0 \times (-3) = 1$$

となる．

したがって，x_2 の 1 単位の増加による目的関数 z の感度は，

$$\frac{\Delta z}{\Delta x_2} = \Delta z_1 + \Delta z_2 = -2 + 1 = -1$$

となる．この値 -1 とピボット操作により得られる x_2 の係数 -1 が一致していることに注意すること．

表 3.5 の基底変数の組は，

$$(s_1,\ x_1,\ s_3) = (20,\ 10,\ 9)$$

であるから，確かに図 3.10 の端点 S に対応していることがわかる．また，この解の目的関数値は $z = -30$ である．端点 S が最適解であるかどうかは，表 3.5 の第 5 行に示したシンプレックス基準により判断できる．変数 x_2 のシンプレックス基準が -1 であることから，変数 x_2 を基底に入れることにより目的関数が改善できる．前回のシンプレックス・タブローと同様に，変数 x_2 を 0 から Δx_2 だけ増加させた場合の 3 本の等式制約は，次のように表される．

$$\frac{13}{3}\Delta x_2 + 1s_1 + 0x_1 + 0s_3 = 20$$
$$\frac{1}{3}\Delta x_2 + 0s_1 + 1x_1 + 0s_3 = 10$$
$$3\Delta x_2 + 0s_1 + 0x_1 + 1s_3 = 9$$

Δx_2 を 0 から少しずつ増加させていったとき，$s_1,\ x_1,\ s_3$ の非負条件

$$s_1 = 20 - \frac{13}{3}\Delta x_2 \geqq 0$$
$$x_1 = 10 - \frac{1}{3}\Delta x_2 \geqq 0$$
$$s_3 = 9 - 3\Delta x_2 \geqq 0$$

から，それぞれ，

$$\Delta x_2 \leqq 20/\frac{13}{3} = \frac{60}{13}, \quad \Delta x_2 \leqq 10/\frac{1}{3} = 30, \quad \Delta x_2 \leqq \frac{9}{3} = 3$$

を満たさなければならない．これらの比率は，表 3.5 の第 8 列目に示している．すべての変数が非負であるという条件のもとで，x_2 の最大の増分 Δx_2 は 3 であることがわかる．したがって，基底変数 s_3 は 0 となり非基底変数となる．第 4 行（s_3 の行）第 3 列（x_2 の列）のピボット項 3 に対してピボット操作を行うことにより，表 3.6 に示すシンプレックス・タブローを得る．

表 3.6 の第 5 行（$-z$ の行）に示したシンプレックス基準からわかるように，非基底変数 $s_2,\ s_3$ をそれぞれ 0 から 1 単位増加させたとき，目的関数値は 2/3, 1/3 だけ増加（改悪）してしまうことに注意すること．したがって，基底変数の組

$$(s_1,\ x_1,\ x_2) = (7,\ 9,\ 3)$$

表 3.6　生産計画問題の最適シンプレックス・タブロー（端点 R）

基底	x_1	x_2	s_1	s_2	s_3	資源量
s_1	0	0	1	$\frac{7}{9}$	$-\frac{13}{9}$	7
x_1	1	0	0	$\frac{4}{9}$	$-\frac{1}{9}$	9
x_2	0	1	0	$-\frac{1}{3}$	$\frac{1}{3}$	3
$-z$	0	0	0	$\frac{2}{3}$	$\frac{1}{3}$	33

は，目的関数を最小にしており，目的関数 z の最適値は，

$$z = -3 \times 9 - 2 \times 3 + 0 \times 7 + 0 \times 0 + 0 \times 0 = -33$$

となる．ここで，スラック変数は，

$$(s_1, s_2, s_3) = (7, 0, 0)$$

であることから，最適解において労働時間制約には7時間分余裕があり，機械稼働時間制約や使用原料制約は活性となり，機械稼働時間と使用原料は上限まで活用されていることがわかる．

3.5.2　飼料配合問題

次に，飼料配合問題についてシンプレックス・タブローを用いて最適解を導出する．この問題の不等式には，すべて「何々以上」を意味する不等号 $\geqq$ が含まれている．したがって，生産計画問題において，「何々以下」を意味する不等号 $\leqq$ を含む不等式制約式に対して導入したスラック変数を用いることはできない．しかし，不等号 $\geqq$ を含む制約式に対しては，不等式の左辺から非負の超過分を差し引けば等式に変換することができる．このような非負の超過分を表す**余裕変数** s_1, s_2, s_3 ($s_1 \geqq 0$, $s_2 \geqq 0$, $s_3 \geqq 0$) を導入すれば，飼料配合問題は等価的に，次のように表すことができる．

線形計画問題 3.8

$$\begin{aligned}
\text{minimize} \quad & z = 9x_1 + 15x_2 + 0s_1 + 0s_2 + 0s_3 \\
\text{subject to} \quad & 9x_1 + 2x_2 - 1s_1 + 0s_2 + 0s_3 = 54 \\
& 1x_1 + 5x_2 + 0s_1 - 1s_2 + 0s_3 = 25 \\
& 1x_1 + 1x_2 + 0s_1 + 0s_2 - 1s_3 = 13 \\
& x_1 \geqq 0,\ x_2 \geqq 0,\ s_1 \geqq 0,\ s_2 \geqq 0,\ s_3 \geqq 0
\end{aligned}$$

ここで，余裕変数 s_1, s_2, s_3 の係数がすべて -1 であることに注意すること．
この線形計画問題をシンプレックス・タブローで表すと，表3.7のようになる．

表3.7 飼料配合問題の初期シンプレックス・タブロー（端点 O）

基底	x_1	x_2	s_1	s_2	s_3	定数
s_1	9	2	-1	0	0	54
s_2	1	5	0	-1	0	25
s_3	1	1	0	0	-1	13
$-z$	9	15	0	0	0	0

しかし，このままでは初期基底変数の組が，

$$(s_1, s_2, s_3) = (-54, -25, -13)$$

となり，非負条件を満たしていない．そこで各等式に**人為変数**とよばれる補助的な変数 a_1, a_2, a_3 ($a_1 \geqq 0, a_2 \geqq 0, a_3 \geqq 0$) を導入すると，3本の不等式制約式は，次のように表すことができる．

$$9x_1 + 2x_2 - 1s_1 + 0s_2 + 0s_3 + 1a_1 + 0a_2 + 0a_3 = 54$$
$$1x_1 + 5x_2 + 0s_1 - 1s_2 + 0s_3 + 0a_1 + 1a_2 + 0a_3 = 25$$
$$1x_1 + 1x_2 + 0s_1 + 0s_2 - 1s_3 + 0a_1 + 0a_2 + 1a_3 = 13$$
$$x_1 \geqq 0, \ x_2 \geqq 0, \ s_1 \geqq 0, \ s_2 \geqq 0, \ s_3 \geqq 0, \ a_1 \geqq 0, \ a_2 \geqq 0, \ a_3 \geqq 0$$

人為変数 a_1, a_2, a_3 を導入し，これらを基底変数とすることにより，初期基底解

$$(x_1, x_2, s_1, s_2, s_3, a_1, a_2, a_3) = (0, 0, 0, 0, 0, 54, 25, 13)$$

は，非負条件を満たしている．ただし，明らかにこの基底解はもとの問題に対しては非実行可能基底解であり，もとの制約式を満たしていない．この初期基底解から出発して，実行可能基底解を得るためには，人為変数を0にしなければならない．すなわち，

$$(a_1, a_2, a_3) = (0, 0, 0)$$

を満たすようにしなければならない．そこで，このような初期実行可能解を求めるために，人為変数の和

$$w = 0x_1 + 0x_2 + 0s_1 + 0s_2 + 0s_3 + 1a_1 + 1a_2 + 1a_3$$

を「第二の目的関数」として，もとの問題の制約である3本の等式制約式と非負条件のもとで最小化することを考える．人為変数は非負なので，人為変数の和 w は0以上であり，$w \geqq 0$ となる．とくに最小値 w^* が0, すなわち，$w^* = 0$ の場合に限りすべての人為変数が0になる．$w^* > 0$ の場合には，少なくとも一つの人為変数の値が正と

なり，もとの飼料配合問題には実行可能解が存在しないことになる．

したがって，最適解が存在するならば，最終的なシンプレックス・タブローにおいて人為変数はすべて非基底変数でなければならない．このような理由から，人為変数 a_1, a_2, a_3 は決定変数ではあるが，シンプレックス・タブローの列には含める必要はない．また，目的関数は z と w の 2 種類存在するので，表 3.8 に示すように，z と w に対するシンプレックス基準をシンプレックス・タブローの第 5 行目と第 6 行目にそれぞれ記述する．

表 3.8　人為変数を含む飼料配合問題の初期シンプレックス・タブロー（端点 O）

基底	x_1	x_2	s_1	s_2	s_3	定数	比　　率
a_1	9	2	−1	0	0	54	$\frac{54}{9} = 6$
a_2	1	5	0	−1	0	25	$\frac{25}{1} = 25$
a_3	1	1	0	0	−1	13	$\frac{13}{1} = 13$
$-z$	9	15	0	0	0	0	
$-w$	−11	−8	1	1	1	−92	

まず，2 番目の目的関数 w のシンプレックス基準について考えてみる．非基底変数 x_1 が 1 単位増加したとき，

$$w + \Delta w_1 = 0(x_1 + 1) + 0x_2 + 0s_1 + 0s_2 + 0s_3 + 1a_1 + 1a_2 + 1a_3$$

であるから，目的関数 w の変化量は $\Delta w_1 = 0$ である．したがって，初期基底解

$$(x_1, x_2, s_1, s_2, s_3, a_1, a_2, a_3) = (0, 0, 0, 0, 0, 54, 25, 13)$$

から，非基底変数 x_1 を 1 単位増加させても目的関数 w は変化しない．一方，表 3.8 の 2 列目に示されるように，非基底変数 x_1 を 0 から 1 単位を増加させると，3 本の等式制約の左辺がそれぞれ 9 単位，1 単位，1 単位増加して，次に示すように右辺の資源量と一致しなくなる．

$$9(x_1 + 1) + 2x_2 - 1s_1 + 0s_2 + 0s_3 + 1a_1 + 0a_2 + 0a_3 = (54 + 9) \neq 54$$
$$1(x_1 + 1) + 5x_2 + 0s_1 - 1s_2 + 0s_3 + 0a_1 + 1a_2 + 0a_3 = (25 + 1) \neq 25$$
$$1(x_1 + 1) + 1x_2 + 0s_1 + 0s_2 - 1s_3 + 0a_1 + 0a_2 + 1a_3 = (13 + 1) \neq 13$$

そこで，現時点の基底変数の値を，

$$(a_1, a_2, a_3) = (54, 25, 13)$$

から，

$$(a_1, a_2, a_3) = (54 - 9, 25 - 1, 13 - 1) = (45, 24, 12)$$

に変更することで，次のように等式制約式を満たすことができる．

$$9(x_1 + 1) + 2x_2 - 1s_1 + 0s_2 + 0s_3 + 1(a_1 - 9) + 0a_2 + 0a_3 = 54$$
$$1(x_1 + 1) + 5x_2 + 0s_1 - 1s_2 + 0s_3 + 0a_1 + 1(a_2 - 1) + 0a_3 = 25$$
$$1(x_1 + 1) + 1x_2 + 0s_1 + 0s_2 - 1s_3 + 0a_1 + 0a_2 + 1(a_3 - 1) = 13$$

基底変数 a_1, a_2, a_3 をそれぞれ 9 単位，1 単位，1 単位減少させることによる目的関数 w の変化量 Δw_2 は，

$$\Delta w_2 = 1 \times (-9) + 1 \times (-1) + 1 \times (-1) = -11$$

となる．

したがって，非基底変数 x_1 が 0 から 1 単位増加したときの目的関数 w の直接の変化量 $\Delta w_1 = 0$ と，等式制約式を満たすように基底変数 a_1, a_2, a_3 を調整することによる目的関数の変化量 $\Delta w_2 = -11$ の和が，非基底変数 x_1 の目的関数 w に対する感度であり，次のように示される．

$$\frac{\Delta w}{\Delta x_1} = \Delta w_1 + \Delta w_2 = 0 + (-11) = -11$$

この値は，表 3.8 に示した初期シンプレックス・タブローの第 6 行（$-w$ の行）第 2 列（x_1 の列）に示している．ほかの変数 x_2, s_1, s_2, s_3 に対しても同様に，目的関数 w に対する各変数のシンプレックス基準を計算して，初期シンプレックス・タブローの第 6 行（$-w$ の行）に示している．

つまり，非基底変数 x_1, x_2, s_1, s_2, s_3 のシンプレックス基準は非基底変数の目的関数の係数 0 から，現在の基底変数 a_1, a_2, a_3 の目的関数の係数それぞれ 1, 1, 1 とシンプレックス・タブローの各列に示される係数の積和を引いた値となる．すなわち，非基底変数 x_1 のシンプレックス基準は，

$$0 - (1 \times 9 + 1 \times 1 + 1 \times 1) = -11$$

と計算され，x_2 のシンプレックス基準は，

$$0 - (1 \times 2 + 1 \times 5 + 1 \times 1) = -8$$

と計算できる．また，非基底変数 s_1, s_2, s_3 のシンプレックス基準は，

$$0 - (1 \times (-1) + 1 \times 0 + 1 \times 0) = 1$$
$$0 - (1 \times 0 + 1 \times (-1) + 1 \times 0) = 1$$
$$0 - (1 \times 0 + 1 \times 0 + 1 \times (-1)) = 1$$

と計算できる．

目的関数 w に対するシンプレックス基準を系統的に導出する別の方法について説明しておく．第二の目的関数

$$w = 0x_1 + 0x_2 + 0s_1 + 0s_2 + 0s_3 + 1a_1 + 1a_2 + 1a_3$$

において w は関数であるが，あたかも一つの変数とみなすことにより，

$$-w + (0x_1 + 0x_2 + 0s_1 + 0s_2 + 0s_3 + 1a_1 + 1a_2 + 1a_3) = 0$$

と表すことができる．w を一つの変数と考えれば，この式は等式制約式と考えることができる．等式制約式どうしをそれぞれ定数倍して加減演算しても，もとの等式と等価なので，基底変数 a_1, a_2, a_3 にかかる係数がすべて 0 になるように 3 本の等式制約式をこの目的関数の等式制約式に対して加減演算を施すことができる．もとの 3 本の等式制約式を変形して，

$$a_1 = 54 - (9x_1 + 2x_2 - 1s_1 + 0s_2 + 0s_3)$$
$$a_2 = 25 - (1x_1 + 5x_2 + 0s_1 - 1s_2 + 0s_3)$$
$$a_3 = 13 - (1x_1 + 1x_2 + 0s_1 + 0s_2 - 1s_3)$$

とし，w を含む等式制約式に代入すれば，次式を得る．

$$\begin{aligned}-w + \{&0x_1 + 0x_2 + 0s_1 + 0s_2 + 0s_3 \\ + &[54 - (9x_1 + 2x_2 - 1s_1 + 0s_2 + 0s_3)] \\ + &[25 - (1x_1 + 5x_2 + 0s_1 - 1s_2 + 0s_3)] \\ + &[13 - (1x_1 + 1x_2 + 0s_1 + 0s_2 - 1s_3)]\} = 0\end{aligned}$$

この等式を整理すると，

$$-w + (-11x_1 - 8x_2 + 1s_1 + 1s_2 + 1s_3) = -92$$

と表すことができる．表 3.8 の第 6 行（$-w$ の行）のシンプレックス基準は，目的関数 w を変数のようにみなした等式

$$-w + (-11x_1 - 8x_2 + 1s_1 + 1s_2 + 1s_3 + 0a_1 + 0a_2 + 0a_3) = -92$$

の各係数として求められる．その理由は，非基底変数 x_1, x_2, s_1, s_2, s_3 の一つを 1 単位増加させたときに 3 本の等式制約式を満たすように，基底変数を $(\Delta a_1, \Delta a_2, \Delta a_3)$ だけ変更しても，等式

$$-w + (-11x_1 - 8x_2 + 1s_1 + 1s_2 + 1s_3 + 0a_1 + 0a_2 + 0a_3) = -92$$

における基底変数 a_1, a_2, a_3 にかかる係数がすべて 0 なので，w に変化はないからである．

したがって，非基底変数 x_1, x_2, s_1, s_2, s_3 にかかる係数そのものが目的関数 w に対する感度を表している．表 3.8 の初期シンプレックス・タブローの第 6 行は，等式

$$-w + (-11x_1 - 8x_2 + 1s_1 + 1s_2 + 1s_3) = -92$$

の各係数 -11, -8, 1, 1, 1 を並べることにより得られる．一方，非基底変数 x_1, x_2, s_1, s_2, s_3 の値はすべて 0 であることから，初期基底解

$$(x_1, x_2, s_1, s_2, s_3, a_1, a_2, a_3) = (0, 0, 0, 0, 0, 54, 25, 13)$$

における目的関数値 w は，右辺の定数値 92 に等しい．

次に，初期基底解

$$(x_1, x_2, s_1, s_2, s_3, a_1, a_2, a_3) = (0, 0, 0, 0, 0, 54, 25, 13)$$

における，本来の目的関数 z のシンプレックス基準を求めてみる．ここで，本来の目的関数 z は，

$$z = 9x_1 + 15x_2 + 0s_1 + 0s_2 + 0s_3 + 0a_1 + 0a_2 + 0a_3$$

である．第二の目的関数 w の場合と同様に，非基底変数 x_1, x_2, s_1, s_2, s_3 の一つを 1 単位増加させたときに 3 本の等式制約式を満たすように，基底変数を $(\Delta a_1, \Delta a_2, \Delta a_3)$ だけ変更しても，基底変数 a_1, a_2, a_3 にかかる係数がすべて 0 なので，z に変化はない．したがって，非基底変数 x_1, x_2, s_1, s_2, s_3 にかかる係数そのものが目的関数 z に対する感度，すなわち，シンプレックス基準となり，表 3.8 の初期シンプレックス・タブローの第 5 行は，等式

$$-z + (9x_1 + 15x_2 + 0s_1 + 0s_2 + 0s_3) = 0$$

の各係数 9, 15, 0, 0, 0, 0 を並べることにより得られる．また，目的関数 z の値は，右辺の定数値 0 に等しい．

これまでの説明より，初期基底解

$$(x_1, x_2, s_1, s_2, s_3, a_1, a_2, a_3) = (0, 0, 0, 0, 0, 54, 25, 13)$$

における飼料配合問題の初期シンプレックス・タブローは，表 3.8 のように表すことができる．

表 3.8 では，目的関数 z と w のシンプレックス基準が第 5 行（$-z$ の行）と第 6 行（$-w$ の行）に並べられているが，まず，実行可能基底解を得るために，目的関数 w のシンプレックス基準にのみ注目する．表 3.8 の第 6 行（$-w$ の行）において，-11 が負の数の最小値であるから，非基底変数 x_1 を基底に入れることにより，目的関数 w が改善する．表 3.8 では，負の最小値 -11 を四角で囲んでいる．非基底変数 x_1 を基

底に入れる代わりに，現在の基底変数である a_1, a_2, a_3 のなかから一つを選んで非基底変数にしなければならない．変数 x_1 を 0 から正の値 Δx_1 だけ増加させても，次の等式制約が成立しなければならない．

$$9(x_1 + \Delta x_1) + 2x_2 - 1s_1 + 0s_2 + 0s_3 + 1a_1 + 0a_2 + 0a_3 = 54$$
$$1(x_1 + \Delta x_1) + 5x_2 + 0s_1 - 1s_2 + 0s_3 + 0a_1 + 1a_2 + 0a_3 = 25$$
$$1(x_1 + \Delta x_1) + 1x_2 + 0s_1 + 0s_2 - 1s_3 + 0a_1 + 0a_2 + 1a_3 = 13$$

ここで，非基底変数 x_1, x_2, s_1, s_2, s_3 の値がすべて 0 であることに注意して，非負条件を考慮すれば，Δx_1 は正の比率の最小値

$$\min\left\{\frac{54}{9}, \frac{25}{1}, \frac{13}{1}\right\} = \min\{6, 25, 13\} = 6$$

を超えることはできない．これらの比率は表 3.8 の第 8 列目に示しており，正の比率の最小値 6 を四角で囲んでいる．非基底変数 x_1 を 0 から 6 に増加させたとき，現在の基底変数 a_1 がほかの基底変数と比較して最初に 0 となるので，a_1 が新たな非基底変数となる．もし，x_1 を 6 より大きい値にすると，1 番目の等式から a_1 が負の値になり，非負条件を満たさないことに注意すること．a_1 の行（第 2 行）と新たに基底に入る x_1 の列（第 2 列）との交点がピボット項であるが，表 3.8 ではピボット項 9 を楕円で囲んでいる．

表 3.8 の第 2 行（a_1 の行）と第 2 列（x_1 の列）の交点をピボット項としてピボット操作を行い，x_1, a_2, a_3 を基底変数とするシンプレックス・タブローに書き換えてみる．x_1 を基底変数とするために，表 3.8 の初期シンプレックス・タブローのピボット項を含む第 2 行（a_1 の行）に対応する等式制約式

$$\boxed{9}\, x_1 + 2x_2 - 1s_1 + 0s_2 + 0s_3 + 1a_1 + 0a_2 + 0a_3 = 54$$

に着目する．ここで，人為変数 a_1, a_2, a_3 は最終的に非基底変数となるので，a_1, a_2, a_3 の項を省略して，次のように表す．

$$\boxed{9}\, x_1 + 2x_2 - 1s_1 + 0s_2 + 0s_3 \Leftrightarrow 54$$

上式では，a_1, a_2, a_3 の項を省略しているので，等号 = ではなく，形式上 $\Leftrightarrow$ を用いているが，等式制約式どうしの加減演算と同様の演算を行う．この式をピボット項の値 9 で両辺を割算すると，次のように表される．

$$1x_1 + \frac{2}{9}x_2 - \frac{1}{9}s_1 + 0s_2 + 0s_3 \Leftrightarrow 6$$

次に，表 3.8 の第 3 行（a_2 の行）に対応する等式制約式

$$1x_1 + 5x_2 + 0s_1 - 1s_2 + 0s_3 \Leftrightarrow 25$$

の x_1 を消去するために，これらの二つの等式を両辺ともに引けば，次のように x_1 の項が消去され，

$$
\begin{array}{r}
1x_1 \quad +5x_2 \quad +0s_1 \quad -1s_2 \quad +0s_3 \Leftrightarrow 25 \\
-)\ 1x_1 \quad +\dfrac{2}{9}x_2 \quad -\dfrac{1}{9}s_1 \quad +0s_2 \quad +0s_3 \Leftrightarrow 6 \\
\hline
0x_1 \quad +\dfrac{43}{9}x_2 \quad +\dfrac{1}{9}s_1 \quad -1s_2 \quad +0s_3 \Leftrightarrow 19
\end{array}
$$

が得られる．表3.8の第4行（a_3 の行）に対応する等式制約式

$$1x_1 + 1x_2 + 0s_1 + 0s_2 - 1s_3 \Leftrightarrow 13$$

に対しても同様に，次の計算により x_1 の項が消去され，

$$
\begin{array}{r}
1x_1 \quad +1x_2 \quad +0s_1 \quad +0s_2 \quad -1s_3 \Leftrightarrow 13 \\
-)\ 1x_1 \quad +\dfrac{2}{9}x_2 \quad -\dfrac{1}{9}s_1 \quad +0s_2 \quad +0s_3 \Leftrightarrow 6 \\
\hline
0x_1 \quad +\dfrac{7}{9}x_2 \quad +\dfrac{1}{9}s_1 \quad +0s_2 \quad -1s_3 \Leftrightarrow 7
\end{array}
$$

が得られる．このような等式制約の等価変換の結果，初期シンプレックス・タブローは，表3.9の第2行から第4行までに示すようなタブローに書き換えられる．

表3.9 飼料配合問題のシンプレックス・タブロー（端点S）

基底	x_1	x_2	s_1	s_2	s_3	定数	比　　率
x_1	1	$\dfrac{2}{9}$	$-\dfrac{1}{9}$	0	0	6	$6/\dfrac{2}{9}=27$
a_2	0	$\boxed{\dfrac{43}{9}}$	$\dfrac{1}{9}$	-1	0	19	$19/\dfrac{43}{9}=\boxed{\dfrac{171}{43}}$
a_3	0	$\dfrac{7}{9}$	$\dfrac{1}{9}$	0	-1	7	$7/\dfrac{7}{9}=9$
$-z$	0	13	1	0	0	-54	
$-w$	0	$\boxed{-\dfrac{50}{9}}$	$-\dfrac{2}{9}$	1	1	-26	

ここで，人為変数 a_1, a_2, a_3 は最終的に非基底変数となるので，このタブローでも省略され，表示されないことに注意すること．

表3.8の第5行の目的関数 z は，z を変数とみなせば，次の等式制約式と等価である．

$$-z + (9x_1 + 15x_2 + 0s_1 + 0s_2 + 0s_3 + 0a_1 + 0a_2 + 0a_3) = 0$$

第3行（a_2 の行）および第4行（a_3 の行）と同様に，次の計算により x_1 の項が消去され，

$$\begin{array}{rl}
-z & +(9x_1 \quad +15x_2 \quad +0s_1 \quad +0s_2 \quad +0s_3) \Leftrightarrow \quad 0 \\
-)\quad & 9\times(1x_1 \quad +\dfrac{2}{9}x_2 \quad -\dfrac{1}{9}s_1 \quad +0s_2 \quad +0s_3) \Leftrightarrow \quad 9\times 6 \\
\hline
-z & +(0x_1 \quad +13x_2 \quad +1s_1 \quad +0s_2 \quad +0s_3) \Leftrightarrow \quad -54
\end{array}$$

が得られる．

表 3.8 の第 6 行の目的関数 w に関しても同様に，次の等式制約式を得る．

$$-w + (-11x_1 - 8x_2 + 1s_1 + 1s_2 + 1s_3 + 0a_1 + 0a_2 + 0a_3) = -92$$

さらに，次の計算により x_1 の項が消去され，

$$\begin{array}{rl}
-w & +(-11x_1 \quad -8x_2 \quad +1s_1 \quad +1s_2 \quad +1s_3) \Leftrightarrow \quad -92 \\
+)\quad & 11\times(1x_1 \quad +\dfrac{2}{9}x_2 \quad -\dfrac{1}{9}s_1 \quad +0s_2 \quad +0s_3) \Leftrightarrow \quad 11\times 6 \\
\hline
-w & +(0x_1 \quad -\dfrac{50}{9}x_2 \quad -\dfrac{2}{9}s_1 \quad +1s_2 \quad +1s_3) \Leftrightarrow \quad -26
\end{array}$$

が得られる．x_1 が消去された式から，表 3.9 の第 5 行（$-z$ の行）および第 6 行（$-w$ の行）が得られる．

表 3.9 の第 7 列（定数の列）の値から，基底解は，

$$(x_1, x_2, s_1, s_2, s_3, a_1, a_2, a_3) = (6, 0, 0, 0, 0, 0, 19, 7)$$

となり，この基底解における目的関数値は，

$$\begin{aligned}
z &= 9x_1 + 15x_2 + 0s_1 + 0s_2 + 0s_3 + 0a_1 + 0a_2 + 0a_3 \\
  &= 9\times 6 + 0\times 19 + 0\times 7 = 54 \\
w &= 1a_1 + 1a_2 + 1a_3 = 1\times 0 + 1\times 19 + 1\times 7 = 26
\end{aligned}$$

となり，表 3.9 の第 5 行および第 6 行の第 7 列の値と一致していることがわかる．表 3.8 の初期シンプレックス・タブローの目的関数 w の値 92 と比較して改善されているが，まだ 0 ではないので，得られた基底解

$$(x_1, x_2, s_1, s_2, s_3, a_1, a_2, a_3) = (6, 0, 0, 0, 0, 0, 19, 7)$$

は非実行可能基底解である．図 3.12 に，実行可能領域と基底解に対応する点 O，P，Q，R，S を示す．

図 3.12 において，初期シンプレックス・タブローに対応する原点 O からピボット操作により表 3.9 のシンプレックス・タブローに対応する点 S に移動したが，点 O と点 S はともに非実行可能基底解であることがわかる．

表 3.9 の第 6 行（$-w$ の行）のシンプレックス基準のなかでもっとも小さい負の値は $-50/9$ であるので，対応する非基底変数 x_2 を基底に入れることにする．同様にして，基底から出す変数として a_2 を選びピボット操作を行う．ピボット操作の結果，表

3.5 シンプレックス法　63

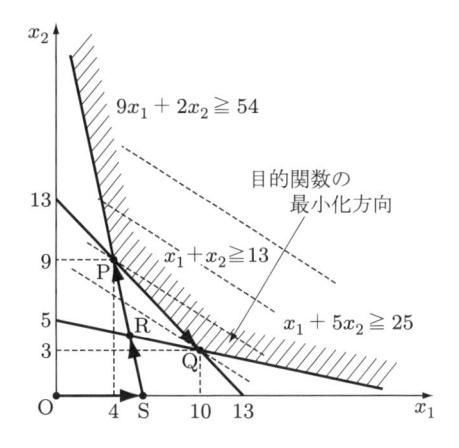

図 3.12　飼料配合問題の実行可能領域と
基底解 O, P, Q, R, S

3.10 に示すシンプレックス・タブローが得られ，基底変数の組が，

$$(x_1, x_2, a_3) = \left(\frac{220}{43}, \frac{171}{43}, \frac{168}{43}\right)$$

となる．これは，図 3.12 の点 R に対応する．

表 3.10 に示した目的関数 w の値 168/43 は，表 3.9 のシンプレックス・タブローに示した目的関数 w の値 26 と比較して改善されているが，まだ 0 ではないので，得られた基底解

$$(x_1, x_2, s_1, s_2, s_3, a_1, a_2, a_3) = \left(\frac{220}{43}, \frac{171}{43}, 0, 0, 0, 0, 0, \frac{168}{43}\right)$$

表 3.10　飼料配合問題のシンプレックス・タブロー（点 R）

基底	x_1	x_2	s_1	s_2	s_3	定数	比　率
x_1	1	0	$-\frac{5}{43}$	$\frac{2}{43}$	0	$\frac{220}{43}$	$\frac{220}{43} / \frac{2}{43} = 110$
x_2	0	1	$\frac{1}{43}$	$-\frac{9}{43}$	0	$\frac{171}{43}$	
a_3	0	0	$\frac{4}{43}$	$\boxed{\frac{7}{43}}$	-1	$\frac{168}{43}$	$\frac{168}{43} / \frac{7}{43} = \boxed{24}$
$-z$	0	0	$\frac{30}{43}$	$\frac{117}{43}$	0	$-\frac{4545}{43}$	
$-w$	0	0	$-\frac{4}{43}$	$\boxed{-\frac{7}{43}}$	1	$-\frac{168}{43}$	

は非実行可能基底解である．図 3.12 において，表 3.9 のシンプレックス・タブローは点 S に対応し，このピボット操作により点 R に移動したが，点 R も非実行可能基底解であることがわかる．念のため，基底解

$$(x_1, x_2, s_1, s_2, s_3, a_1, a_2, a_3) = \left(\frac{220}{43}, \frac{171}{43}, 0, 0, 0, 0, 0, \frac{168}{43}\right)$$

を目的関数に代入して，表 3.10 の第 5 行（$-z$ の行）と第 6 行（$-w$ の行）の第 7 列（定数の列）に示す目的関数 z と w の値

$$z = \frac{4545}{43}, \quad w = \frac{168}{43}$$

と一致することを確かめておく．

$$z = 9x_1 + 15x_2 + 0s_1 + 0s_2 + 0s_3 + 0a_1 + 0a_2 + 0a_3$$
$$= 9 \times \frac{220}{43} + 15 \times \frac{171}{43} + 0 \times \frac{168}{43} = \frac{4545}{43}$$
$$w = 1a_1 + 1a_2 + 1a_3 = 1 \times 0 + 1 \times 0 + 1 \times \frac{168}{43} = \frac{168}{43}$$

表 3.10 の第 6 行（$-w$ の行）における負の数の最小値は $-7/43$ であるから，$-7/43$ の項に対応する s_2 が新たに基底変数として選ばれる．一方，基底変数から出ていくべき変数を見つけるために，第 5 列（s_2 の列）の各係数で第 7 列（定数の列）の各定数を割ると，次のようになる．

$$\left\{\frac{220}{43} \Big/ \frac{2}{43}, \frac{171}{43} \Big/ \frac{-9}{43}, \frac{168}{43} \Big/ \frac{7}{43}\right\} = \{110, -19, 24\}$$

ここで，第 3 行（x_2 の行）に対応する比率 -19 は負の数であるので，これは変数 s_2 を 0 からいくら大きくしても基底変数 x_2 の非負条件を破ることはないことを意味している．したがって，正の比率の最小値は，

$$\min\{110, 24\} = 24$$

となり，変数 s_2 を 0 から徐々に大きくしたとき，最初に非負条件を破るのは変数 a_3 であり，$s_2 = 24$ のとき $a_3 = 0$ となる．したがって，a_3 を非基底変数にし，s_2 を基底変数に入れ替えればよい．表 3.11 は，表 3.10 における第 4 行（a_3 の行）第 5 列（s_2 の列）の $7/43$ をピボット項として，ピボット操作をした結果のシンプレックス・タブローである．

表 3.11 の第 6 行（$-w$ の行）第 7 列（定数の列）において，$w = 0$ となっているので，すべての人為変数が 0 となり，この基底解

$$(x_1, x_2, s_1, s_2, s_3, a_1, a_2, a_3) = (4, 9, 0, 24, 0, 0, 0, 0)$$

が実行可能基底解であることがわかる．また，この解における本来の目的関数 z の値

表 3.11 飼料配合問題のシンプレックス・タブロー (端点 P)

基底	x_1	x_2	s_1	s_2	s_3	定数	比率
x_1	1	0	$-\frac{1}{7}$	0	$\frac{2}{7}$	4	
x_2	0	1	$\frac{1}{7}$	0	$-\frac{9}{7}$	9	$9/\frac{1}{7} = 63$
s_2	0	0	$\boxed{\frac{4}{7}}$	1	$-\frac{43}{7}$	24	$24/\frac{4}{7} = \boxed{42}$
$-z$	0	0	$\boxed{-\frac{6}{7}}$	0	$\frac{117}{7}$	-171	
$-w$	0	0	0	0	0	0	

(総費用) は 171 円である.

図 3.12 からわかるように, 点 R から点 P に移動することにより, 非実行可能基底解から実行可能基底解に到達している. これは, 基底変数の組を (x_1, x_2, a_3) から (x_1, x_2, s_2) に変更したことにより, 人為変数が基底からすべて取り除かれたことに対応している.

さて, 点 P に対応するこの実行可能基底解は最適解だろうか. 表 3.11 の第 5 行 ($-z$ の行) を確認すると, シンプレックス基準の最小値が $-6/7$ なので, s_1 を基底変数に取り込むことにより, 目的関数 z の改善が期待できる. 実行可能基底解が得られたので, これ以降のシンプレックス・タブローにおいて, 第 6 行目の目的関数 w のシンプレックス基準を表す行は不要となることに注意すること. s_1 の代わりに出ていくべき基底変数を見つけるために, 第 4 列 (s_1 の列) の各係数で第 7 列 (定数の列) の各定数を割ると, 次のようになる.

$$\left\{ 4 / \frac{-1}{7},\ 9 / \frac{1}{7},\ 24 / \frac{4}{7} \right\} = \{-28,\ 63,\ 42\}$$

ここで, 第 2 行 (x_1 の行) に対応する比率 -28 は負の数であるので, 変数 s_1 を 0 からいくら大きくしても基底変数 x_1 の非負条件を破ることはない. したがって, 正の比率の最小値は,

$$\min\{63,\ 42\} = 42$$

となり, 変数 s_1 を 0 から徐々に大きくしたとき, 最初に非負条件を破るのは変数 s_2 であり, $s_1 = 42$ のとき $s_2 = 0$ となる. したがって, s_2 を非基底変数にし, s_1 を基底変数に入れ替えればよい.

表 3.12 は, 表 3.11 における第 4 行 (s_2 の行) 第 4 列 (s_1 の列) の $4/7$ をピボット項として, ピボット操作を行った結果のシンプレックス・タブローである.

この実行可能基底解

表 3.12 飼料配合問題のシンプレックス・タブロー（端点 Q）

基底	x_1	x_2	s_1	s_2	s_3	定数
x_1	1	0	0	$\frac{1}{4}$	$-\frac{5}{4}$	10
x_2	0	1	0	$-\frac{1}{4}$	$\frac{1}{4}$	3
s_1	0	0	1	$\frac{7}{4}$	$-\frac{43}{4}$	42
$-z$	0	0	0	$\frac{3}{2}$	$\frac{15}{2}$	-135

$$(x_1, x_2, s_1, s_2, s_3) = (10, 3, 42, 0, 0)$$

における目的関数 z の値は，

$$z = 9x_1 + 15x_2 + 0s_1 + 0s_2 + 0s_3 = 9 \times 10 + 15 \times 3 + 0 \times 42 = 135$$

となり，表 3.12 の第 5 行（$-z$ の行）第 7 列（定数の列）の値 $-z = -135$ と一致している．表 3.12 の第 5 行（$-z$ の行）を確認すると，シンプレックス基準はすべて 0 以上となっているため，これ以上目的関数値を減少（改善）できないことがわかる．すなわち，この基底解

$$(x_1, x_2, s_1, s_2, s_3) = (10, 3, 42, 0, 0)$$

は飼料配合問題の最適解である．

この最適解の意味について考えてみる．必要な三つの制約条件を満たしつつ，配合飼料の総費用を最小化する原料 A，原料 B の 1 日当たりの配合量はそれぞれ 10 g と 3 g で，1 日当たりの総費用は 135 円であることがわかる．ここで，栄養素 D，栄養素 E に関する制約は下限値 25 mg，13 mg で満足されているが，栄養素 C に関する制約は下限値 54 mg を上まわっている．したがって，最適な配合飼料では，栄養素 C は下限値 54 mg より 42 mg 多い 96 mg 含まれ，栄養素 D，栄養素 E はそれぞれ 25 mg と 13 mg 含まれ，これらの値は下限値に等しい．

図 3.12 からも確認できるように，点 P から点 Q に移動することにより最適解に到達していることがわかる．

3.6 Excel ソルバーによる定式化と解法

前節では，シンプレックス法のアルゴリズムに従い，生産計画問題と飼料配合問題に対して，シンプレックス・タブローを繰り返し更新することにより最適解を求めた．しかし，現実の意思決定問題を線形計画問題として定式化した場合，一般に変数や制

約式の数が多くなり，シンプレックス・タブローを用いて直接解くことは困難なだけでなく，数値計算上きわめて非効率でもある．ところが，シンプレックス法のアルゴリズムは，プログラミング言語を用いて比較的容易に記述することができるため，市販のソフトウェアだけでなくフリーソフトウェアも含め，線形計画問題を解くためのプログラムが数多く開発されている．

本節では，表計算ソフトとして幅広く普及している Microsoft Excel を用いて，前節でとりあげた 2 種類の線形計画問題を解いてみる．

3.6.1 Excel ソルバーの設定

Microsoft Excel は表計算ソフト，あるいはスプレッドシートとよばれるアプリケーション・ソフトウェアの一種であり，作表作業だけでなく，マクロプログラムの作成など幅広い機能を備えている．ここでは，現時点での最新バージョンである Microsoft Excel 2007 を用いて説明するが，旧バージョンの Microsoft Excel でも，画面表示が少し異なるがほぼ同様に動作する．Microsoft Excel 2007 には，そのままでは線形計画問題を解く機能が備わっていない．アドインソフトであるソルバーとよばれるプログラムを Excel に追加してインストールすることにより，はじめて Excel 上で線形計画問題を解くことができる状態になる．

はじめに，数理計画問題を解くためのソルバーをインストールすることにする．ま

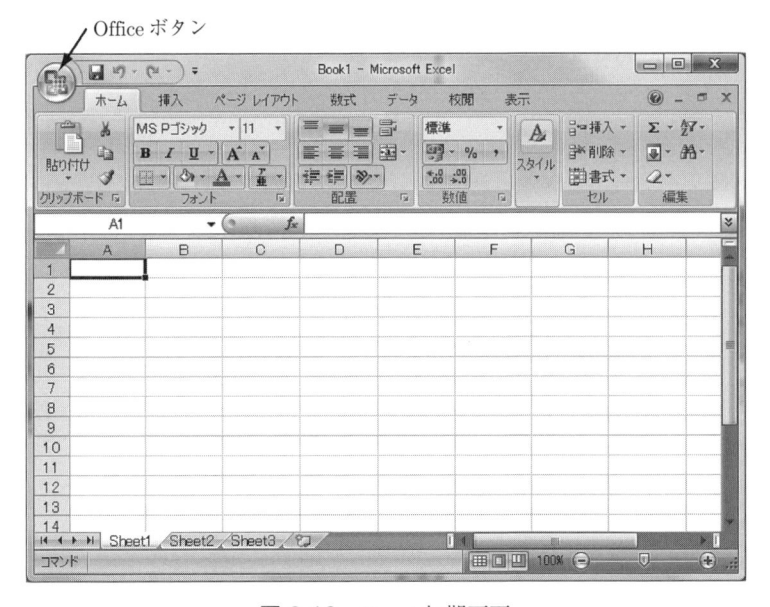

図 3.13　Excel 初期画面

68 第 3 章　線形計画法（基礎）

ず，Excel を起動したのち，図 3.13 に示す画面の左上隅にある[**Office**]ボタンをクリックする．開いたタグの右下にある[**Excel のオプション**]をクリックすると，図 3.14 の Excel のオプション画面が開く．この画面の左側にある[**アドイン**]をクリックすると，図 3.15 に示すアドイン用プログラムの一覧が表示される．

　図 3.15 の画面から，[ソルバーアドイン]がアクティブでない，すなわち，まだイン

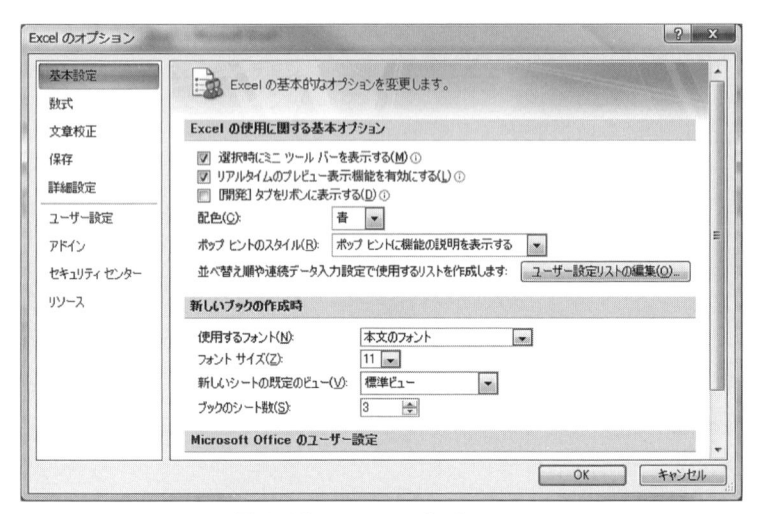

図 3.14　Excel のオプション

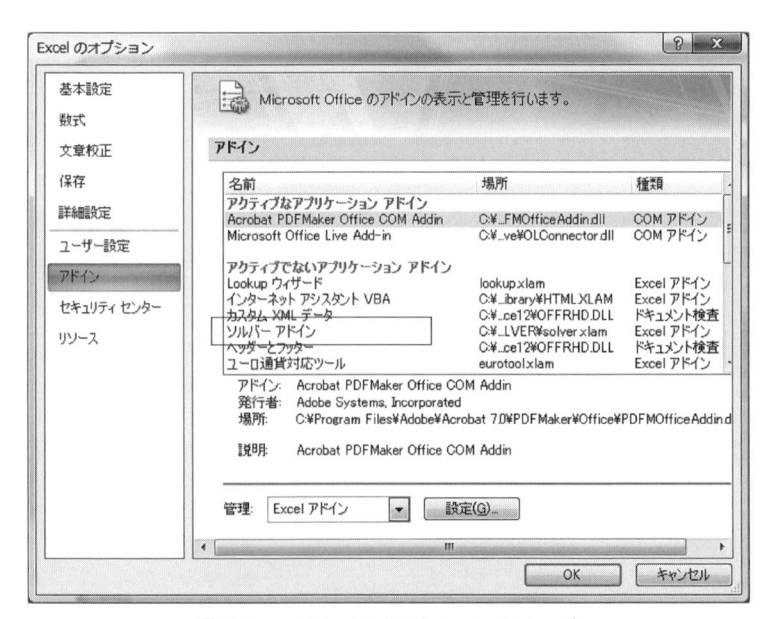

図 3.15　アドイン用プログラムの一覧

ストールされていないことがわかる．そこで，[ソルバーアドイン]を追加インストールして Excel 上で利用できるようにするため，[設定]ボタンをクリックすると図 3.16 の画面が表示される．

　図 3.16 のアドイン画面で[ソルバーアドイン]のチェックボックスにチェックを付けて[OK]ボタンをクリックすると，「…インストールしますか？」という質問メッセージが表示されるので，[はい]をクリックしてソルバーアドインプログラムを追加インストールする．インストール作業が終了したあと，Excel 初期画面のメニューバーの[データ]をクリックすると，図 3.17 に示すように，右端の[分析]タブに[ソルバー]機能が新たに追加されているのが確認できる．

図 3.16　ソルバーのアドイン

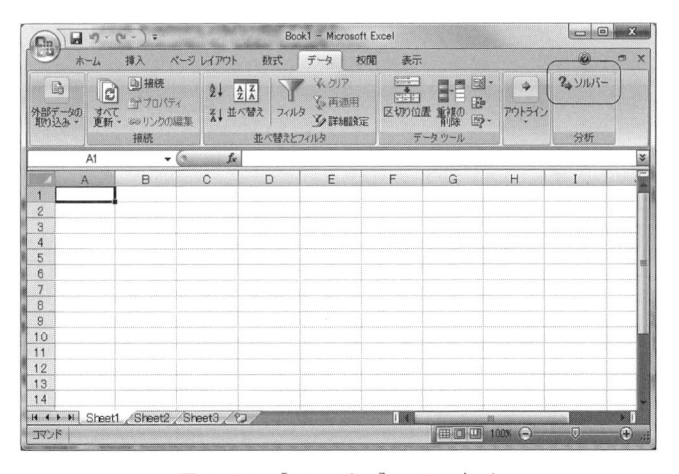

図 3.17　[ソルバー]タグの表示

3.6.2 生産計画問題

前節までに詳述した生産計画問題を，ソルバーを用いて解いてみる．図 3.17 の Excel のシート上で，メニューバーの [データ] を選択して，[ソルバー] タグをクリックすると，図 3.18 のような線形計画問題を定義するための画面が表示される．

図 3.18 ソルバー：パラメータ設定

図 3.18 のパラメータ設定画面では，目的関数を定義する [**目的セル**]，決定変数をシート上で定義する [**変化させるセル**]，制約条件を定義する [**制約条件**] などを Excel シートと関連づけて設定することにより，ソルバープログラム内部で線形計画問題を定義するように工夫されている．そのため，[ソルバー] タグをクリックするまえに，あらかじめ Excel のシート上で次の作業を行う必要がある．

① 各決定変数にセルを割り当てる．
② 目的関数にセルを割り当てて，そのセルに決定変数のセル番号を引用して目的関数を定義する．
③ 各制約式左辺にセルを割り当てて，そのセルに決定変数のセル番号を引用して制約関数を定義する．
④ 各制約式右辺にセルを割り当てて，そのセルに制約式右辺定数を入力する．

実際に，次の生産計画問題を Excel ソルバーで解いてみる．

線形計画問題 3.9（生産計画問題）

$$\begin{aligned}
\text{minimize} \quad & z = -3x_1 - 2x_2 \\
\text{subject to} \quad & 2x_1 + 5x_2 \leqq 40 \\
& 3x_1 + 1x_2 \leqq 30 \\
& 3x_1 + 4x_2 \leqq 39 \\
& x_1 \geqq 0, \ x_2 \geqq 0
\end{aligned}$$

3.6 Excel ソルバーによる定式化と解法　71

　ソルバーを用いて線形計画問題を Excel 上で定式化する場合，シンプレックス法で行ったようにあらかじめ不等式制約式を等式制約式に変換する必要はない．したがって，スラック変数，余裕変数，人為変数を導入するわずらわしさがなく，問題設定のとおり，直接，Excel シート上に定式化すればよい．また，目的関数の最大化あるいは最小化の設定も，図 3.18 に示したソルバーの「パラメータの設定」により切り替え可能である．Excel シート上の問題設定には定まった方式はなく，ユーザーの理解しやすい形式にまとめればよい．生産計画問題の定式化を示した図 3.19 の Excel シートでの表現はその一例であり，ここでは行方向に変数を並べているが，列方向に並べていくことも可能である．

図 3.19 Excel 上での生産計画問題の定式化

　図 3.19 の Excel シートでは，列 A にはわかりやすいように「変数」，「目的関数係数」，…，「使用原料制約左辺」などの見出しが付けてある．また，セル D8 の「制約式右辺」や，セル B1 と C1 の「x1」と「x2」も単なる見出しであり，計算と直接関係はないことに注意すること．ソルバーを用いて線形計画問題を解く手続きは，次に示す七つの手順からなる．

ソルバーを用いて生産計画問題を解く手続き

手順 1：各決定変数にセルを割り当てる．
　生産計画問題の決定変数 x_1 と x_2 をセル B2 とセル C2 に割り当てる．これらのセルには初期値として 0 を設定しておく．ここで，セル B1 と C1 に表示

している x1 と x2 は単なる見出しであり，実際の変数値はセル B2 と C2 であることに注意すること．

手順 2：目的関数と各制約式左辺の係数を入力する．

目的関数の決定変数 x_1 と x_2 にかかる係数をセル B3 とセル C3 に入力する．同様に，労働時間制約，機械稼働時間制約，使用原料制約の 3 本の不等式制約式の左辺の係数を，それぞれセル B4 とセル C4，セル B5 とセル C5，セル B6 とセル C6 に入力しておく．この作業は，目的関数や制約関数を単一のセルに直接定義する場合には必ずしも必要ではないが，ここでは，Excel の SUMPRODUCT 関数を用いて関数を定義するために，決定変数の行の直下にすべての係数を並べて入力する．このように，係数をセルに入力しておくことによって，係数に変動があった場合，これらのセルの値を変更するだけで容易に再計算できる．

手順 3：目的関数と各制約式左辺の関数を定義する．

まず，目的関数を定義するため，セル B8 に次の関数式を入力する．

=SUMPRODUCT($B$2:$C$2, B3:C3)

SUMPRODUCT 関数は，セル B2 から C2 とセル B3 から C3 の各要素の積和，すなわち，B2×B3 ＋ C2×C3 を計算することによって，この例では式 $-3x_1 - 2x_2$ を定義する関数である．ここで，$B$1 や $C$1 のように $記号が付いていると「絶対番地」を表し，$記号が付いていないと「相対番地」を表す．このように定義しておくと，セル B8 をコピーし，セル B9 から B11 までペーストすれば，制約式左辺の関数も適切に定義される．つまり，変数 x_1 と x_2 の値はセル B2 とセル C2 で常に固定で，変数 x_1 と x_2 の係数は目的関数や各制約式ごとに異なるようにコピーされる．実際のセル B9 から B11 の内容は，

=SUMPRODUCT($B$2:$C$2, B4:C4)
=SUMPRODUCT($B$2:$C$2, B5:C5)
=SUMPRODUCT($B$2:$C$2, B6:C6)

となる．

手順 4：各制約式右辺の値を入力する．

縦方向にセル D9 からセル D11 に制約式右辺の値を入力する．手順 1 から手順 4 までの操作により，入力した関数や値の「内容」を図 3.20 に表示するので，確認しておくこと（図 3.19 の状態でキーボードの[Ctrl]と[Shift]と[@]を同時に押すと図 3.20 の入力関数表示画面に切り替わり，再度[Ctrl]と[Shift]と[@]を同時に押すともとに戻る）．

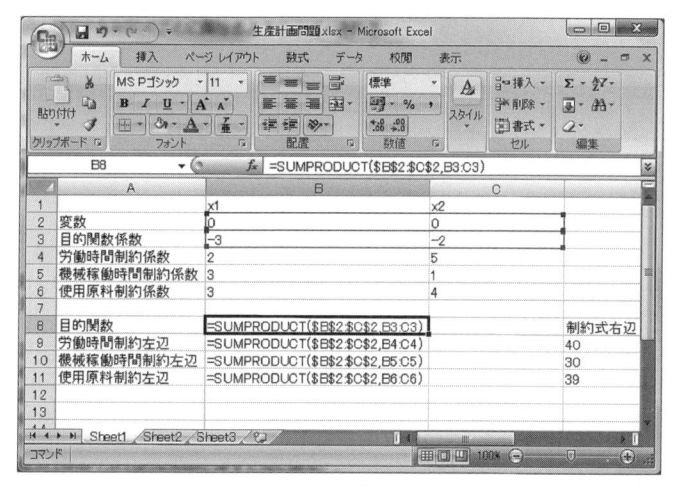

図 3.20　Excel 上での生産計画問題の定式化（入力関数表示画面）

手順 5：ソルバーのパラメータ設定画面で線形計画問題を定義する．

メニューバーの[データ]を選択して[ソルバー]をクリックすると，図 3.21(a) のパラメータ設定画面が表示される．

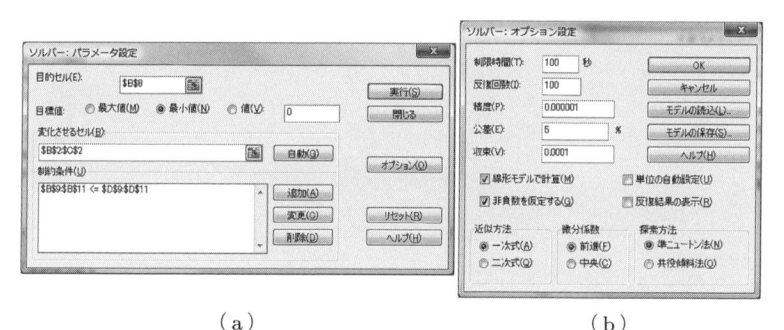

(a)　　　　　　　　　　　　　　(b)
図 3.21　ソルバー：パラメータ設定

この画面の[目的セル]には目的関数を定義したセル番地 B8 を指定し，[変化させるセル]には決定変数のセル番地 B2:C2 を設定する．ここで，B2:C2 の表記は Excel においてセル B2 からセル C2 の範囲を意味する．[制約条件]のボックスについては，[追加]ボタンをクリックしたあと，3 本の制約式左辺のセル番地 B9:B11 と 3 本の制約式右辺のセル番地 D9:D11 を設定し，不等号 $\leqq$ をそれぞれ選択することにより，3 本の不等式制約式を定義する（カーソルで指定すると，セル番地は\$B\$8 のように絶対番地の表現で指定される）．これまでの操作で，決定変数，目的関数および 3 本の不等式制約式がソルバー上で定義されたことになる．

手順6：ソルバーの[**オプション**]を設定してプログラムを実行する．

図3.21(a)の画面の[**オプション**]ボタンをクリックすると，図(b)の画面が表示される．図(b)の画面で[**線形計画モデルで計算**]と[**非負数を仮定する**]のチェックボックスにチェックを入れる（ソルバーでは線形計画問題だけでなく，整数計画問題や非線形計画問題にも対応しているので，この選択が必要になる）．[**OK**]ボタンをクリックすると図(a)の画面に戻るので，そこで[**実行**]ボタンをクリックすると，定義された生産計画問題がソルバーにより解かれ，最適解がExcelの画面上に表示される．図3.22に示すように，変数 x_1 と x_2 の値に対応するセル B2 と C2 に 9 と 3 が表示されている．これは，最適解が $(x_1^*, x_2^*) = (9, 3)$ であることを示し，シンプレックス法を用いて解いた結果と一致していることが確認できる．

図 3.22 Excel 上での生産計画問題の計算結果

手順7：実行結果レポートを確認する．

[**実行**]ボタンをクリックしたあと，図3.23の画面が表示される．ここで，右

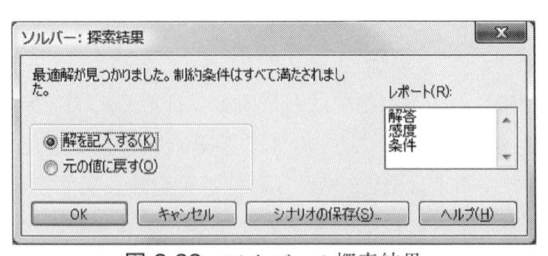

図 3.23 ソルバー：探索結果

側のレポート[**解答・感度・条件**]の三つを選択状態にして，[**OK**]ボタンをクリックすると，解答レポート，感度レポート，条件レポートの三つのシートが新たに作成される．画面の一番下の[**解答レポート**]タグをクリックすると，図 3.24 に示すような解答レポートが示される．解答レポートのシートには，決定変数や目的関数の初期値と最適解における値だけではなく，最適解における制約式の左辺の値と右辺の値の比較などが，目的関数，決定変数，制約条件の順に簡単にまとめられている．感度レポートのシートを図 3.25 に示す．感度レ

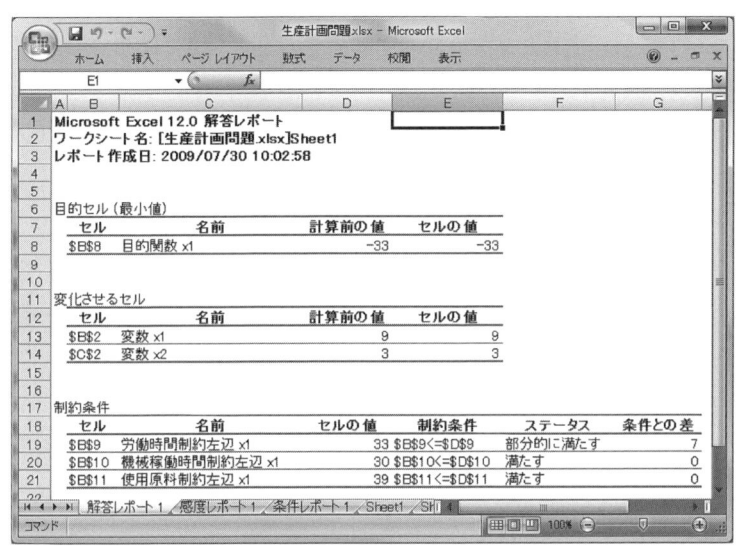

図 3.24 生産計画問題の解答レポート

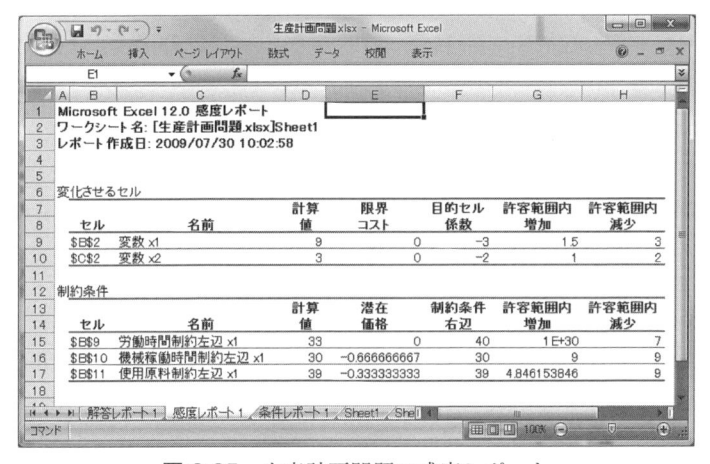

図 3.25 生産計画問題の感度レポート

ポートのシートの「限界コスト」に注目する．これは，変数 x_1, x_2 をそれぞれ 1 単位増加させたときの目的関数の変化量，すなわち，シンプレックス基準を表している．実際，シンプレックス法の説明で使用した表 3.6 のシンプレックス基準（第 5 行第 2, 3 列）の値と一致していることに注意すること．同様に，「潜在価格」は，表 3.6 のシンプレックス基準（第 5 行第 4, 5, 6 列）の値にマイナスを付けた値と一致している．たとえば，表 3.6 のシンプレックス基準（第 5 行第 5 列）が 2/3 であるのに対して，潜在価格は -0.666666667 となっている．これは，表 3.6 のシンプレックス基準（第 5 行第 5 列）はスラック変数 s_2 が 1 単位増加したときの目的関数の感度であるのに対して，潜在価格の方は右辺の資源量が 1 単位増加したときの目的関数の感度を表しており，スラック変数（左辺の増加量）と資源量（右辺の増加量）がともに逆の変化をすることによる．

3.6.3 飼料配合問題

さらに，次に示す飼料配合問題をソルバーを用いて解いてみよう．

線形計画問題 3.10（飼料配合問題）

$$\begin{aligned}
\text{minimize} \quad & z = 9x_1 + 15x_2 \\
\text{subject to} \quad & 9x_1 + 2x_2 \geq 54 \\
& 1x_1 + 5x_2 \geq 25 \\
& 1x_1 + 1x_2 \geq 13 \\
& x_1 \geq 0, \ x_2 \geq 0
\end{aligned}$$

飼料配合問題に対してシンプレックス法を適用する場合，余裕変数 s_1, s_2, s_3 と人為変数 a_1, a_2, a_3 を導入することにより，標準形の線形計画問題に変換した．しかし，ソルバーでは，設定された問題のとおり，直接，Excel シート上で定式化するだけで線形計画問題を解くことができる．生産計画問題の場合と同様に，飼料配合問題に対して Excel シート上に決定変数，目的関数，不等式制約式の左辺と右辺を定義し，次の七つの手順からなる手続きに従って最適解を求める．

ソルバーを用いて飼料配合問題を解く手続き

手順 1：各決定変数にセルを割り当てる．

　飼料配合問題の決定変数 x_1 と x_2 をセル B2 とセル C2 に割り当てる．これ

らのセルには初期値として 0 を設定しておく．

手順 2：目的関数と各制約式左辺の係数を入力する．

目的関数の決定変数 x_1 と x_2 にかかる係数をセル B3 とセル C3 に入力する．同様に，栄養素 C に関する制約，栄養素 D に関する制約，栄養素 E に関する制約の 3 本の不等式制約式の左辺の係数を，それぞれセル B4 とセル C4，セル B5 とセル C5，セル B6 とセル C6 に入力しておく．

手順 3：目的関数と各制約式左辺の関数を定義する．

目的関数を定義するため，セル B8 に次の関数式を入力する．

=SUMPRODUCT($B$2:$C$2, B3:C3)

SUMPRODUCT 関数を用いて，セル B2 から C2 とセル B3 から C3 の各要素の積和，すなわち，B2×B3 + C2×C3 を計算することによって，式 $9x_1 + 15x_2$ を定義する．さらに，セル B8 をコピーし，セル B9 から B11 までペーストすることによって，制約式の左辺の式を定義する．セル B9 から B11 の内容は，次のようになる．

=SUMPRODUCT($B$2:$C$2, B4:C4)
=SUMPRODUCT($B$2:$C$2, B5:C5)
=SUMPRODUCT($B$2:$C$2, B6:C6)

手順 4：各制約式右辺の値を入力する．

縦方向にセル D9 からセル D11 に制約式右辺の値を入力する．手順 1 から手順 4 までの操作により，入力した関数や値の「内容」を図 3.26 に表示するので，確認しておくこと．

図 3.26　Excel シート上での飼料配合問題の定義

手順5：ソルバーのパラメータ設定画面で線形計画問題を定義する．

　生産計画問題の定式化と同様に，飼料配合問題をソルバーのパラメータ設定画面で定義する．パラメータ設定画面の[目的セル]には目的関数を定義したセル番地 B8 を指定し，[変化させるセル]には決定変数のセル番地 B2:C2 を設定する．[制約条件]のボックスについては，[追加]ボタンをクリックしたあと，3 本の制約式左辺のセル番地 B9:B11 と 3 本の制約式右辺のセル番地 D9:D11 を設定し，不等号 $\geqq$ をそれぞれ選択することにより，3 本の不等式制約式を定義する．上記の操作で，決定変数，目的関数および 3 本の不等式制約式がソルバー上で定義されたことになる．飼料配合問題では，3 本の不等式制約式の不等号の向きは，生産計画問題の場合の逆であることに注意すること．

手順6：ソルバーの[オプション]を設定してプログラムを実行する．

　[実行]ボタンをクリックすると，ソルバープログラムが起動して定義された飼料配合問題が解かれ，その最適解が Excel シートの画面上に表示される．最適解は，

$$(x_1^*, x_2^*) = (10, 3)$$

となっており，シンプレックス法を用いて解いた結果と一致していることが確認できる．

手順7：実行結果レポートを確認する．

　[実行]ボタンをクリックしたあと，[解答・感度・条件]の三つを選択状態にして，[OK]ボタンをクリックすると，解答レポート，感度レポート，条件レポートの三つのシートが新たに作成される．解答レポートを図 3.27 に示す．表 3.12 の最適シンプレックス・タブローと図 3.27 の解答レポートを比較してみる．表 3.12 の最適目的関数値は $-z = -135$ であり，解答レポートの目的セルは 135 であるから目的関数値は一致している．表 3.12 の決定変数

$$(x_1, x_2, s_1) = (10, 3, 42)$$

に対して，解答レポートの 13, 14 行目および 19 行目の値が一致している．ここで，余裕変数 s_1 は，栄養素 C の最低必要量 54 mg を上まわる量を表している．感度レポートのシートを図 3.28 に示す．表 3.12 のシンプレックス基準（第 5 行目）の x_1, x_2 列がそれぞれ 0 であるのに対して，感度レポートの限界コスト（9, 10 行目）も 0 となっている．同様に，余裕変数 s_1, s_2, s_3 のシンプレックス基準は，それぞれ 0, 3/2, 15/2 であるのに対して，感度レポートの潜在価格（15, 16, 17 行目）も (0, 1.5, 7.5) となっており一致している．ここで，潜在価格は不等式制約式の右辺定数が 1 単位増加したときの目的関数の感度を表

しているので，余裕変数の目的関数に対する感度と等価となる（生産計画問題の不等式制約式の不等号の向きとは逆であることに注意すること）．

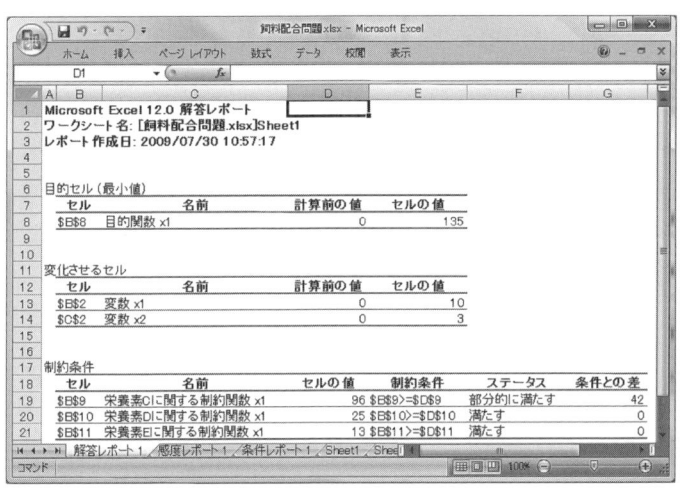

図 3.27　飼料配合問題の解答レポート

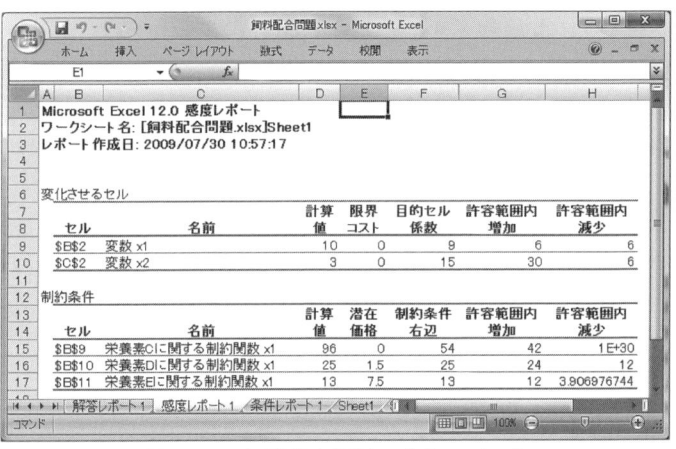

図 3.28　飼料配合問題の感度レポート

演習問題 [3]

3.1　ある製造会社が 2 種類の製品 P と Q を生産している．製品 P は 1kg 当たり 2 万円，製品 Q は 1kg 当たり 3 万円の利益が見込め，経営者は 1 日当たりの利益を最大化しようと計画している．しかし，各製品をつくるにあたって，次の三つの制約を満たさなければならない．

① 1日当たりの延べ労働時間は36時間で，製品Pを1kgつくるのに3時間の労働時間が必要で，製品Qを1kgつくるのに2時間の労働時間が必要である．
② 各製品をつくる機械の使用可能な延べ稼働時間は1日当たり20時間で，このうち製品Pの場合，1kg当たり1時間の機械稼働時間が必要で，製品Qの場合，1kg当たり2時間の機械稼働時間が必要となる．
③ 各製品をつくるには，ある原料が必要で，その原料は1日当たり13kg使用可能である．製品Pを1kg生産するには1kgの原料が必要で，製品Qを1kg生産するには同じように1kgの原料が必要となる．

これらのデータは表3.13のように要約できる．

表3.13 製造会社のデータ

資源	製品P	製品Q	資源の上限値
労働時間 [時間]	3	2	36
機械稼働時間 [時間]	1	2	20
使用原料 [kg]	1	1	13
利益 [万円]	2	3	

この製造会社の1日当たりの総利益を最大にするために，経営者は各製品P, Qをそれぞれ1日当たり何kgつくればよいだろうか．

(a) 線形計画問題として定式化しなさい．
(b) 図的解法により，グラフを描いて問題を解きなさい．
(c) 表3.4を参考にして，すべての基底解を求め，実行可能である場合には対応する目的関数zの値を求めなさい．
(d) シンプレックス法を用いて最適解を計算しなさい．生成されたシンプレックス・タブローの各端点とグラフ上の点との対応関係を確認しなさい．
(e) 製品Pにおいて，1kg当たりの利益が2万円から3万円に変更された場合に対して，シンプレックス法を用いて最適解を求めなさい．この場合，最適解が一意でないことを，最適シンプレックス・タブローで確認しなさい．また，最適解に対応する二つの端点を求めなさい．
(f) Excelソルバーを用いて問題を解き，最適シンプレックス・タブローの最適解と一致していることを確認しなさい．

3.2 健康維持に必要な栄養素の1日当たりの最低必要摂取量の制約を満たしつつ，費用を最小化する食品の組合せを決定する栄養問題について考える．ここでは，簡単のため，二つの食品P, Qの組合せにより料理をつくるものとして，食品P, Qに含まれる3種類の栄養素R, S, Tの1日当たりの最低必要量を満たすような費用最小化問題を考える．食品Pは1g当たり6円，食品Qは1g当たり13円の費用がかかる．食品P, Qに含まれる3種類の栄養素R, S, Tに関して三つの制約を満たさなければならない．
① 栄養素Rは1日当たり42mg以上必要であるが，食品P, Qは1g当たり栄養素Rをそれぞれ7mgと3mg含んでいる．

② 栄養素 S は 1 日当たり 44 mg 以上必要であるが，食品 P, Q は 1 g 当たり栄養素 S をそれぞれ 3 mg と 5 mg 含んでいる．
③ 栄養素 T は 1 日当たり 56 mg 以上必要であるが，食品 P, Q は 1 g 当たり栄養素 T をそれぞれ 3 mg と 8 mg 含んでいる．

これらのデータは表 3.14 に示すように要約できる．3 種類の栄養素 R, S, T の 1 日当たりの最低必要量を満たすような食品 P, Q の組合せを求めなさい．

表 3.14　栄養問題のデータ

栄養素	食品 P	食品 Q	栄養素の下限値
R [mg]	7	3	42
S [mg]	3	5	44
T [mg]	3	8	56
費用 [円]	6	13	

(a) 線形計画問題として定式化しなさい．
(b) 図的解法により，グラフを描いて問題を解きなさい．
(c) 表 3.4 を参考にして，すべての基底解を求め，実行可能である場合には対応する目的関数値を求めなさい．
(d) シンプレックス法を用いて最適解を計算しなさい．生成されたシンプレックス・タブローの各端点とグラフ上の点との対応関係を確認しなさい．
(e) 食品 Q において，1 g 当たりの費用が 13 円から 10 円に変更された場合に対して，シンプレックス法を用いて最適解を求めなさい．
(f) Excel ソルバーを用いて問題を解き，最適シンプレックス・タブローの最適解と一致していることを確認しなさい．

3.3 次の 2 変数の線形計画問題を考える．ただし，変数 x_1, x_2 には非負条件が付いていないことに注意すること．

線形計画問題 3.11

$$\begin{aligned}
\text{minimize} \quad & z = 8x_1 + 5x_2 \\
\text{subject to} \quad & -x_1 + x_2 \leqq 7 \\
& -5x_1 - 2x_2 \leqq 35 \\
& -x_1 - 5x_2 \leqq 30 \\
& -x_2 \leqq 6
\end{aligned}$$

(a) 標準形の線形計画問題として定式化しなさい．
（ヒント：$x_1 = x_1^+ - x_1^-$, $x_2 = x_2^+ - x_2^-$, $x_1^+ \geqq 0$, $x_1^- \geqq 0$, $x_2^+ \geqq 0$, $x_2^- \geqq 0$ とおく）．
(b) シンプレックス法を用いて最適解を求めなさい．
(c) Excel ソルバーを用いて問題を解き，最適シンプレックス・タブローの最適解と一致していることを確認しなさい．

(d) 目的関数を，
$$z = x_1 + 5x_2$$
に変更した問題に対して，Excel ソルバーを用いて最適解を求めなさい．表示された結果のどの部分から，解が一意でないことがわかるかを説明しなさい．

3.4 病院経営者は看護職員の配置に関して，表 3.15 に示すように各時間帯に応じて次の最低配置人数を確保しなければならない．ただし，看護職員は連続して 8 時間勤務するものと仮定する．

表 3.15 必要な配置人数

番号	時間帯（24 時間）	看護職員の必要最低人数
1	午前 8 時から正午	120
2	正午から午後 4 時	90
3	午後 4 時から午後 8 時	110
4	午後 8 時から午前零時	70
5	午前零時から午前 4 時	50
6	午前 4 時から午前 8 時	80

病院経営者は各時間帯の必要最低人数に関する条件を満たしつつ，看護職員総数を最小化したい．

(a) 1 番から 6 番の時間帯の開始時間に仕事をはじめる看護職員の数を x_1 から x_6 とおき，看護職員の配置問題を線形計画問題として定式化しなさい（職員の残業などにより，小数部分の勤務が可能であるから，決定変数である看護職員数は実数として扱ってよい）．

(b) Excel ソルバーを用いて問題を解きなさい．

3.5 ある会社の工場 A，B，C の 3 箇所から営業所 D，E，F の 3 箇所に製品を出荷する場合について考える．工場 A，B，C での製品の在庫上限は，それぞれ 50，80，60 トンである．一方，それぞれ少なくと 70，50，40 トンの製品を営業所 D，E，F に輸送する必要がある．各工場から各営業所までの製品 1 トン当たりの輸送費用[万円]は，それぞれ表 3.16 のとおりである．

表 3.16 輸送費用

	営業所 D	営業所 E	営業所 F
工場 A	3	5	8
工場 B	6	7	5
工場 C	2	9	6

経営者は工場の在庫上限制約と営業所の製品必要量の制約を満たしつつ，輸送費用を最小化したい．

(a) 各工場から各営業所までの製品輸送量を決定変数として，この輸送問題を線形計画問題として定式化しなさい．

(b) Excel ソルバーを用いて問題を解きなさい（SUMPRODUCT 関数を用いて，Excel シート上で定式化する）．

第4章 双対性と感度分析

　意思決定問題が線形計画問題として定式化されたとき，その線形計画問題に対してある種の経済的解釈が可能な双対関係にある線形計画問題が存在する．

　本章では，線形計画問題の双対性とよばれる概念をとりあげ，双対問題の定式化の手順とその経済的な解釈を紹介する．

　線形計画問題の目的関数や制約式の係数は，意思決定問題を特徴づけるデータで，特定された既知の数値であるが，本章の後半では，線形計画問題の最適解が計算されたあと，これらのデータの変動がどのように最適解に影響を及ぼすかを検証するための感度分析について例証する．

■ 4.1 双対性

　線形計画問題には，**双対性**(そうついせい)という興味深い特性がある．一つの線形計画問題に対して，対応するもう一つの線形計画問題が存在し，一方を**主問題**といい，他方を**双対問題**という．線形計画問題の双対性を理解するために，第3章で示した生産計画の問題を思い出してみよう．

　この生産計画問題は，ある製造業者が労働時間制約，機械稼働時間制約，使用原料制約のもとで，製品 A と B を製造し，利益を最大化する問題であった．製品 A と B の製造数が決定変数であり，それぞれ x_1, x_2 と表され，目的関数は製造会社の総利益を表す関数

$$z = 3x_1 + 2x_2$$

として表されている．決定変数 x_1 の係数 3 は製品 A の 1 kg 当たりの利益を表しており，同様に，決定変数 x_2 の係数 2 は製品 B の 1 kg 当たりの利益を表している．

　労働時間に関する制約式は，

$$2x_1 + 5x_2 \leqq 40$$

であり，製品 A および製品 B を 1 kg 製造するのに必要な労働時間がそれぞれ 2 時間と 5 時間であり，この会社で利用可能な総労働時間が高々 40 時間であることを示している．

機械の稼働時間に関する制約式は，

$$3x_1 + x_2 \leqq 30$$

であり，製品 A および製品 B を 1 kg 製造するのに必要な機械による加工時間がそれぞれ 3 時間と 1 時間であり，この会社が保有する機械の制限から利用可能な機械使用時間が高々 30 時間であることを示している．

使用できる原料に関する制約式は，

$$3x_1 + 4x_2 \leqq 39$$

であり，製品 A および製品 B を 1 kg 製造するのに必要な原料がそれぞれ 3 単位と 4 単位であり，この会社が調達できる原料の総量が高々 39 単位であることを示している．

このような目的関数と制約式をもつ生産計画問題は，次の線形計画問題として定式化される．

線形計画問題 4.1（主問題）

$$\begin{align} \text{maximize} \quad & z = 3x_1 + 2x_2 \\ \text{subject to} \quad & 2x_1 + 5x_2 \leqq 40 \\ & 3x_1 + x_2 \leqq 30 \\ & 3x_1 + 4x_2 \leqq 39 \\ & x_1 \geqq 0,\ x_2 \geqq 0 \end{align}$$

主問題と双対問題には，次のような対応関係があるが，ここでは主問題としての生産計画問題に対して具体的な対応を与える．

① 主問題の目的関数が最大化ならば，双対問題の目的関数は最小化となる．逆に，主問題の目的関数が最小化ならば，双対問題の目的関数は最大化となる．

　生産計画問題に対応する双対問題は最小化問題である．

$$\text{maximize} \implies \text{minimize}$$

② 双対問題の決定変数は主問題の制約式に対応している．すなわち，主問題の一つの制約式に対して双対問題の一つの決定変数が存在する．とくに，この決定変数は**双対変数**とよばれる．

　生産計画問題に対応する双対問題では，三つの決定変数（双対変数）y_1, y_2, y_3 が存在する．

$$
\begin{aligned}
2x_1 + 5x_2 &\leqq 40 \implies y_1 \\
3x_1 + x_2 &\leqq 30 \implies y_2 \\
3x_1 + 4x_2 &\leqq 39 \implies y_3
\end{aligned}
$$

③ 双対問題の目的関数の係数は，主問題の制約式の右辺定数に対応している．

生産計画問題に対応する双対問題の目的関数は $40y_1 + 30y_2 + 39y_3$ である．

$$
\begin{aligned}
2x_1 + 5x_2 &\leqq \boxed{40} \\
3x_1 + x_2 &\leqq \boxed{30} \implies \boxed{40}\,y_1 + \boxed{30}\,y_2 + \boxed{39}\,y_3 \\
3x_1 + 4x_2 &\leqq \boxed{39}
\end{aligned}
$$

④ 双対問題の制約式は，主問題の決定変数に対応している．すなわち，主問題の一つの決定変数に対して双対問題の一つの制約式が存在する．

生産計画問題に対応する双対問題の制約式は2本ある．

$$\text{生産計画問題の決定変数は二つ} \implies \text{双対問題の制約式は2本}$$

⑤ 双対問題の不等式制約の不等号の向きは主問題の不等式制約の不等号の向きの逆になる（必要であれば，両辺に -1 をかけて主問題の不等式制約の向きを揃えておく）．

生産計画問題に対応する双対問題の不等式制約の不等号は $\geqq$ である．

$$\text{生産計画問題の不等式制約} \leqq \implies \text{双対問題の不等式制約} \geqq$$

⑥ 双対問題の制約式の右辺定数は，主問題の目的関数の係数に対応している．

生産計画問題に対応する双対問題の制約式の右辺定数は3と2である．

$$
\boxed{3}\,x_1 + \boxed{2}\,x_2 \implies \begin{aligned} d_{11}y_1 + d_{12}y_2 + d_{13}y_3 &\geqq \boxed{3} \\ d_{21}y_1 + d_{22}y_2 + d_{23}y_3 &\geqq \boxed{2} \end{aligned}
$$

⑦ 双対問題の制約式の係数は主問題の決定変数の係数に対応している．すなわち，双対問題の制約行列の行ベクトルは主問題の制約行列の列ベクトルに対応している．

生産計画問題に対応する双対問題の制約式の係数は，2, 3, 3 と 5, 1, 4 である．

$$
\begin{aligned}
\boxed{2}\,x_1 + \boxed{5}\,x_2 &\leqq 40 \\
\boxed{3}\,x_1 + \boxed{1}\,x_2 &\leqq 30 \implies \begin{aligned} \boxed{2}\,y_1 + \boxed{3}\,y_2 + \boxed{3}\,y_3 &\geqq 3 \\ \boxed{5}\,y_1 + \boxed{1}\,y_2 + \boxed{4}\,y_3 &\geqq 2 \end{aligned} \\
\boxed{3}\,x_1 + \boxed{4}\,x_2 &\leqq 39
\end{aligned}
$$

これらの七つの対応関係から，主問題である生産計画問題の双対問題は，次のように表される．

線形計画問題 4.2（双対問題）

minimize $\quad w = 40y_1 + 30y_2 + 39y_3$
subject to $\quad 2y_1 + 3y_2 + 3y_3 \geqq 3$
$\qquad\qquad 5y_1 + y_2 + 4y_3 \geqq 2$
$\qquad\qquad y_1 \geqq 0,\ y_2 \geqq 0,\ y_3 \geqq 0$

これまで述べてきたように，生産計画問題を主問題とした場合の双対問題の表し方を具体的に示したが，七つの対応関係は任意の線形計画問題にあてはめることができ，主問題と双対問題の一般化された対応関係は，次のように表される．

主問題と双対問題 4.3

maximize $\quad z = \sum_{j=1}^{n} c_j x_j$ $\qquad$ minimize $\quad w = \sum_{i=1}^{m} b_i y_i$

subject to $\quad \sum_{j=1}^{n} a_{1j} x_j \leqq b_1$ $\qquad$ subject to $\quad \sum_{i=1}^{m} a_{i1} y_i \geqq c_1$
$\qquad\qquad\qquad \vdots$ $\qquad\qquad\qquad\qquad\qquad \vdots$
$\qquad\qquad \sum_{j=1}^{n} a_{mj} x_j \leqq b_m$ $\qquad\qquad \sum_{i=1}^{m} a_{in} y_i \geqq c_n$
$\qquad\qquad x_j \geqq 0,\ j = 1, \cdots, n$ $\qquad\qquad y_i \geqq 0,\ i = 1, \cdots, m$

$\Longleftrightarrow$

さて，第 3 章では生産計画問題をシンプレックス法で解いたが，表 3.6 に示した最適シンプレックス・タブローをあらためて表 4.1 に示す．ただし，生産計画問題は最大化問題であるため，このタブローは目的関数に -1 をかけて最小化問題として解いた結果の最適シンプレックス・タブローである．

このタブローから，生産計画問題の最適解 (x_1^*, x_2^*) は，

表 4.1 生産計画問題（主問題）の最適シンプレックス・タブロー

基底	x_1	x_2	s_1	s_3	s_3	量
s_1	0	0	1	$\frac{7}{9}$	$-\frac{13}{9}$	7
x_1	1	0	0	$\frac{4}{9}$	$-\frac{1}{9}$	9
x_2	0	1	0	$-\frac{1}{3}$	$\frac{1}{3}$	3
$-z$	0	0	0	$\frac{2}{3}$	$\frac{1}{3}$	33

$$(x_1^*, x_2^*) = (9, 3)$$

で，最適値は -33 であることがわかるが，もとの問題が最大化問題であるので利益の最大値は $z^* = 33$ である．

同様に，これまで述べてきた生産計画問題の双対問題をシンプレックス法で解くと，最適シンプレックス・タブローは，表 4.2 のようになる．

表 4.2　生産計画問題の双対問題の最適シンプレックス・タブロー

基底	y_1	y_2	y_3	s_1	s_2	量
y_2	$-\dfrac{7}{9}$	1	0	$-\dfrac{4}{9}$	$\dfrac{1}{3}$	$\dfrac{2}{3}$
y_3	$\dfrac{13}{9}$	0	1	$\dfrac{1}{9}$	$-\dfrac{1}{3}$	$\dfrac{1}{3}$
$-w$	7	0	0	9	3	-33

この最適シンプレックス・タブローから，双対問題の最適解は，

$$(y_1^*, y_2^*, y_3^*) = \left(0, \frac{2}{3}, \frac{1}{3}\right)$$

で，最適値は $w^* = 33$ であることがわかる．

最適性に関する主問題と双対問題の関係には，次のような特徴がある．また，主問題としての生産計画問題とその双対問題に対して具体的な対応関係も示しておく．

① 最適解において，主問題の目的関数値 z^* と双対問題の目的関数値 w^* は等しい，すなわち，$z^* = w^*$ である．このことから，一般に最大化問題の目的関数値 z は最小化問題の目的関数値 w よりも小さいかあるいは等しい．すなわち，$z \leqq w$ である．生産計画問題とその双対問題の最適値は，ともに 33 で等しい．

$$z^* = 3x_1^* + 2x_2^* = 3 \times 9 + 2 \times 3 = 33$$
$$\Updownarrow$$
$$w^* = 40y_1^* + 30y_2^* + 39y_3^* = 40 \times 0 + 30 \times \frac{2}{3} + 39 \times \frac{1}{3} = 33$$

② 双対問題の最適解は，主問題の最適シンプレックス・タブローにも示されている．また，逆も同様である．生産計画問題とその双対問題に対して，双対問題の最適解 $(0, 2/3, 1/3)$ は，表 4.3 において四角で囲んであるように，主問題の最適シンプレックス・タブローの一番下の $-z$ の行の変数 s_1, s_2, s_3 の列に示されている．変数 s_1 は生産計画問題の制約式

$$2x_1 + 5x_2 \leqq 40$$

表 4.3　主問題

基底	x_1	x_2	s_1	s_2	s_3	量
s_1	0	0	1	$\frac{7}{9}$	$-\frac{13}{9}$	7
x_1	1	0	0	$\frac{4}{9}$	$-\frac{1}{9}$	9
x_2	0	1	0	$-\frac{1}{3}$	$\frac{1}{3}$	3
$-z$	0	0	0	$\frac{2}{3}$	$\frac{1}{3}$	33

に対して設定されており，さらにこの制約式に対応した双対変数 y_1 にも対応することになり，その最適解 $y_1^* = 0$ が与えられていることがわかる．変数 s_2 と双対変数 y_2，および変数 s_3 と双対変数 y_3 の関係も同様である．

同様に，生産計画問題の最適解 $(9, 3)$ も，表 4.4 において楕円で囲んであるように双対問題の最適シンプレックス・タブローの一番下の $-w$ の行の変数 s_1, s_2 の列に示されている．

表 4.4　双対問題

基底	y_1	y_2	y_3	s_1	s_2	量
y_2	$-\frac{7}{9}$	1	0	$-\frac{4}{9}$	$\frac{1}{3}$	$\frac{2}{3}$
y_3	$\frac{13}{9}$	0	1	$\frac{1}{9}$	$-\frac{1}{3}$	$\frac{1}{3}$
$-w$	7	0	0	9	3	-33

■4.2　双対性の経済的解釈

双対変数は，制約式で取り扱われた資源のシャドープライスまたは**限界価値**とよばれ，興味深い経済的な解釈がなされている．生産計画問題は，ある製造業者が労働時間制約，機械稼働時間制約，使用原料制約のもとで，製品 A と製品 B を製造し，利益を最大化する問題であった．この問題に対して，たとえば，双対変数 y_2^* の値は，機械稼働時間を 1 時間だけ増やすことができるとき，目的関数である利益がどれくらい増加するかの潜在的な貢献度を表しており，この意味で，資源のシャドープライスまたは限界価値とよばれている．したがって，$y_2^* = 2/3$ は機械稼働の 1 時間の価値とみなすこと

ができ，利用可能な機械稼働時間は30なので，この資源全体の価値は$2/3 \times 30 = 20$と評価される．同様に，使用原料に関しては対応する双対変数$y_3^* = 1/3$なので，使用する原料の1単位の価値は1/3であり，利用可能な原料は39なので，この資源全体の価値は$1/3 \times 39 = 13$となる．

一方，$y_1^* = 0$なので，労働時間に関しては使用可能な労働時間を1時間増加させても，利益を増加させることはできない．この理由は，最適解では労働時間に余剰が生じているからである．すなわち，表4.3の主問題の最適シンプレックス・タブローに示したように，労働時間に関する制約に対応するスラック変数s_1は余剰労働時間を表しており，最適解では$s_1^* = 7$となって，7時間の労働時間が余っていることを示している．したがって，労働時間を増加させても利益を増やすことができないことがわかる．労働時間，機械稼働時間，使用原料の価値の合計は，

$$40y_1^* + 30y_2^* + 39y_3^* = 40 \times 0 + 30 \times \frac{2}{3} + 39 \times \frac{1}{3} = 33$$

であり，これは双対問題の目的関数に対応し，その値は主問題および双対問題の最適値に等しい．

次に，双対問題の制約式に着目する．製品Aを1kg製造するのに，労働時間は2時間，機械による加工時間は3時間，使用する原料は3単位必要であり，製品Aの1kg当たりの利益は3万円であった．労働時間，機械の使用時間，使用する原料の潜在的な価値をそれぞれy_1, y_2, y_3とすると，製品Aの1kg当たりの潜在的な価値は，$2y_1 + 3y_2 + 3y_3$となり，これは1kg当たりの利益の3万円よりも大きいか等しいはずである．したがって，この制約は，

$$2y_1 + 3y_2 + 3y_3 \geqq 3$$

と表される．ここで，左辺$2y_1 + 3y_2 + 3y_3$は製品Aの費用を表しているのではなく，あくまでもその潜在的な価値を表していることに注意すること．製品Bに対しても，同様の考えから，制約式

$$5y_1 + y_2 + 4y_3 \geqq 2$$

が得られる．したがって，双対問題は，これら二つの制約のもとで，使用することになるすべての資源の潜在的な価値$40y_1 + 30y_2 + 39y_3$を，できるだけ少なくしようとする問題であると解釈できる．

4.3 感度分析

生産計画問題では，製品Aを1kg製造するには，労働時間は2時間，機械による加工時間は3時間，使用する原料は3単位必要であり，製品Aの1kg当たりの利益は

3万円であると仮定していた．必要な労働時間や機械による加工時間などのパラメータは，これまでの統計的データからの推定値や将来の予測値として評価された値であり，このように推定された定数としてのパラメータをもとにした定式化には，不確実性やリスクのような概念がないといえる．

しかし，この製造会社の経営者にとって，定式化の基礎となったパラメータの値に少し変動があった場合，最適解がどのように変化するかを知ることは重要である．このような要求に応えるために，感度分析[1]とよばれる分析手法が開発されている．

感度分析を実施する方法として，パラメータを変更した問題を再び解きなおす方法と，線形計画問題の特性を利用して問題を解きなおすことなく，最適解を計算する手法がある．

問題を解きなおす手法は，単純で理解しやすい利点があるが，次のような問題点がある．たとえば，労働時間を2時間から2.1時間，2.2時間，2.3時間と少しずつ増加させたとき，最適解がどのように変化するか，あるいは，最適解の構造が大きく変化する限界はどこなのかなどを知りたい場合，パラメータを数多く変化させたり，または連続的に変化させる必要があり，そのようなすべての問題を解きなおすことは困難である．

そこで本節では，制約式の右辺定数と目的関数の係数の変動に対して，線形計画問題の特性を利用して問題を解きなおすことなく，最適解がどのように変化するかを説明する．

4.3.1 右辺定数

資源の利用限界の変化が最適解や最適値（目的関数値）にどのような影響を及ぼすかについて考えてみる．利用可能な資源の限界値は制約式の右辺定数に示している．生産計画の問題を，次に再度示しておく．

線形計画問題 4.4

$$\begin{aligned}
\text{maximize} \quad & z = 3x_1 + 2x_2 \quad &\text{（利益）}\\
\text{subject to} \quad & 2x_1 + 5x_2 \leq 40 \quad &\text{（労働時間制約）}\\
& 3x_1 + x_2 \leq 30 \quad &\text{（機械稼働時間制約）}\\
& 3x_1 + 4x_2 \leq 39 \quad &\text{（使用原料制約）}\\
& x_1 \geq 0,\ x_2 \geq 0
\end{aligned}$$

生産計画問題において，次のような経営的な検討が有益である．

---
[1] パラメータの変化に対する最適解の感度を調査するという意味で用いられる．

① 労働時間の制約に関して，残業やパートなどを利用すれば，さらに利益を増大させることができるだろうか．仮に利益を増大させることが可能であれば，どの程度まで労働時間を増やせばよいだろうか．逆に，すでに依頼している残業やパートの雇用を減じても，現在の利益に影響はないだろうか．仮に影響がないならば，どの程度まで雇用を削減できるだろうか．

② 機械稼働時間の制約に関して，新たな機械を導入すれば，さらに利益を増大させることができるだろうか．仮に利益を増大させることが可能であれば，どの程度まで機械を増やせばよいだろうか．逆に，いつでも稼働できるように調整している機械を減らしても，現在の利益に影響はないだろうか．仮に影響がないならば，どの程度まで機械を削減できるだろうか．

③ 使用原料の制約に関して，原料を追加的に調達すれば，さらに利益を増大させることができるだろうか．仮に利益を増大させることが可能であれば，どの程度まで原料を追加すればよいだろうか．逆に，原料の調達量を減少させても，現在の利益に影響はないだろうか．仮に影響がないならば，どの程度まで調達すべき原料を削減できるだろうか．

このような経営上の課題を検討するためには，双対問題の最適解や図を用いた分析，シンプレックス法の利用などが考えられる．双対問題の最適解は，

$$(y_1^*, y_2^*, y_3^*) = \left(0, \frac{2}{3}, \frac{1}{3}\right)$$

であり，生産計画問題の最適シンプレックス・タブローを，表 4.5 に再度示しておく．

表 4.5 主問題である生産計画問題の最適シンプレックス・タブロー

基底	x_1	x_2	s_1	s_2	s_3	量
s_1	0	0	1	$\frac{7}{9}$	$-\frac{13}{9}$	7
x_1	1	0	0	$\frac{4}{9}$	$-\frac{1}{9}$	9
x_2	0	1	0	$-\frac{1}{3}$	$\frac{1}{3}$	3
$-z$	0	0	0	$\frac{2}{3}$	$\frac{1}{3}$	33

(1) 労働時間制約の変化

最適解における労働時間の制約に対応する双対変数は $y_1^* = 0$ なので，残業やパートなどを利用して労働時間を増やしても，利益を増大させることができないことがわ

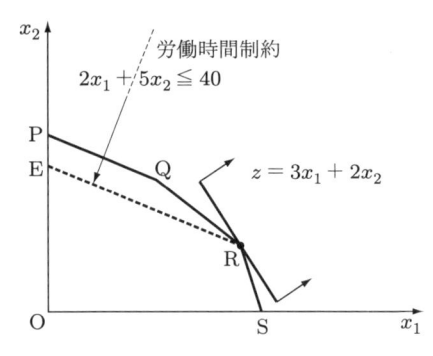

図 4.1 労働時間制約の変化による影響

かる.

図 4.1 を用いて，労働時間の変動が最適解に影響を与えないことを示す．最適解は図中の点 R であり，労働時間の制約式の右辺定数 40 が微小に増減しても，辺 PQ を含む直線が微小に平行移動するだけなので，最適解 R : (9, 3) に影響はない．また，表 4.5 の最適シンプレックス・タブローをみると，労働時間の制約式に対応するスラック変数 s_1 が基底に入っており，正の値をとるので，労働時間に余剰があることがわかる．余剰量は s_1 行 b 列の要素が 7 であるので，労働時間の右辺定数を増加させても最適解に影響を与えない．また，右辺定数を 40 から 7 減じるまでの範囲では最適解に影響を与えない．制約式が，

$$2x_1 + 5x_2 \leqq 33$$

となったとき，実行可能領域は五角形 OPQRS から四角形 OERS へと変わる．

したがって，経営上の検討事項①に関しては，次のように結論づけられる．

> 残業やパートなどを利用しても利益を増大させることはできない．残業やパートの雇用を 7 時間まで減じても，現在の利益に影響はない．

(2) 機械稼働時間制約の変化

最適解における機械稼働時間の制約に対応する双対変数は $y_2^* = 2/3$ なので，新たな機械を導入して機械稼働時間を増やせば，利益を増大させることができることがわかる．

図 4.2 を用いて，機械稼働時間の変動が最適解 R : (9, 3) に影響を与えることを示す．機械稼働時間の制約式の右辺定数 30 が微小に増減すれば，辺 QR および直線 RF 上を最適解が移動する（図 4.2 の白丸 R から黒丸 Q，または黒丸 F へ移動する）．また，表 4.5 の最適シンプレックス・タブローをみると，機械稼働時間の制約式に対応す

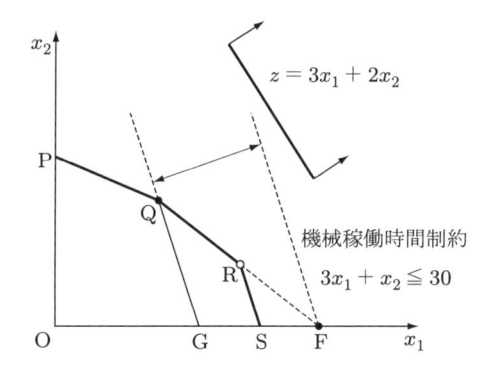

図 4.2　機械稼働時間制約の変化による影響

るスラック変数 s_2 は基底に入っていない．すなわち，$s_2 = 0$ なので，機械稼働時間の上限 30 時間まで完全に利用されていることがわかる．最適解の構造を変えない範囲で機械稼働時間の上限を増大させると，最大で 39 時間となる．このとき，制約式が，

$$3x_1 + x_2 \leqq 39$$

となり，実行可能領域は五角形 OPQRS から四角形 OPQF へと変わる．

逆に，機械稼働時間の上限を減少させると，最小で 21 時間となる．このとき，制約式が，

$$3x_1 + x_2 \leqq 21$$

となり，実行可能領域は五角形 OPQRS から四角形 OPQG へと変わる[2]．

したがって，経営上の検討事項②に関しては，次のように結論づけられる．

> 機械の新規導入によって，機械稼働時間を最大 9 時間まで増加させて利益を増大させることができる．機械稼働時間を減じると，直接利益に影響が生じ，利益を減少させてしまう．

(3) 使用原料制約の変化

最適解における使用原料の制約に対応する双対変数は $y_3^* = 1/3$ なので，原料を追加的に調達して使用可能な原料を増やせば，利益を増大させることができることがわかる．

図 4.3 を用いて，使用可能な原料の変動が最適解 R : (9, 3) に影響を与えることを示

---

[2] 右辺定数の増大分 9 や減少分 9 は表 4.5 の最適シンプレックス・タブローのデータから計算可能であるが，本書の水準を超えるので，その計算方法については記述しないが，2 変数の問題ならば図から判断して計算することができる．

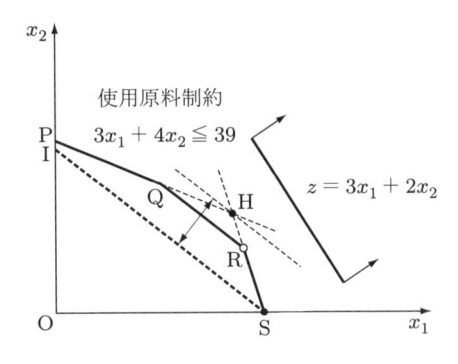

図 4.3 使用原料制約の変化による影響

す．使用原料の制約式の右辺定数 39 が微小に増減すれば，辺 SR および直線 RH 上を最適解が移動する．また，表 4.5 の最適シンプレックス・タブローをみると，使用原料の制約式に対応するスラック変数 s_3 は基底に入っていない．すなわち，$s_3 = 0$ なので，使用原料の上限 39 単位まで完全に利用されていることがわかる．最適解の構造を変えない範囲で使用原料の上限を増大させると，最大で $43 + (11/13)$ kg となる．このとき制約式が，

$$3x_1 + 4x_2 \leqq 43\frac{11}{13}$$

となり，実行可能領域は五角形 OPQRS から四角形 OPHS へと変わる．

逆に，使用原料の上限を減少させると，最小で 30 kg となる．このとき，制約式が，

$$3x_1 + 4x_2 \leqq 30$$

となり，実行可能領域は五角形 OPQRS から三角形 OIS へと変わる．

したがって，経営上の検討事項③に関しては，次のように結論づけられる．

> 原料を追加的に調達することよって使用可能な原料を最大 $43 + (11/13)$ kg まで増加させて利益を増大させることができる．使用可能な原料を減じると，直接利益に影響が生じ，利益を減少させてしまう．

4.3.2 目的関数の係数

目的関数の係数の変化が，最適解や最適値（目的関数値）にどのような影響を及ぼすかについて考えてみる．再び生産計画問題

線形計画問題 4.5

$$
\begin{aligned}
\text{maximize} \quad & z = 3x_1 + 2x_2 \\
\text{subject to} \quad & 2x_1 + 5x_2 \leqq 40 \\
& 3x_1 + x_2 \leqq 30 \\
& 3x_1 + 4x_2 \leqq 39 \\
& x_1 \geqq 0,\ x_2 \geqq 0
\end{aligned}
$$

をとりあげる．目的関数

$$z = 3x_1 + 2x_2$$

は利益を表しており，x_1 の係数 3 は製品 A の 1 kg 当たりの利益で，x_2 の係数 2 は製品 B の 1 kg 当たりの利益である．表 4.5 に示した最適シンプレックス・タブローから，生産計画問題の最適解は，

$$(x_1^*,\ x_2^*) = (9,\ 3)$$

である．すなわち，製品 A を 9 kg，製品 B を 3 kg 製造することによって，利益を最大化できる．

このとき，次のような経営的な検討が有益である．

① 製品 B の価格を変えないで，製品 A の価格（1 kg 当たりの利益）をどの程度減少させれば，最適な製造数の組に変化が生じるのか．このとき，最適な製造数はどのように変化するのか．逆に，製品 A の価格（1 kg 当たりの利益）をどの程度増大させれば，最適な製造数の組に変化が生じるのか．このとき，最適な製造数はどのように変化するのか．

② 製品 A の価格を変えない場合の製品 B の価格変動に関して，同様に，最適な製造数はどのように変化するか．

生産計画問題の最適解において，製品 A と製品 B の製造数の組合せを決定する要因は，目的関数に示される利益の相対的な比率である．これは図 4.4 に示したように，目的関数の傾きによって決定される．

もとの目的関数

$$z = 3x_1 + 2x_2$$

は，図 4.4 では「直線 3」に相当し，この場合，点 R：(9, 3) が最適解である．しかし，目的関数の傾きが「直線 1」のようになれば，最適解は点 P：(0, 8) となる．同様に，目的関数の傾きが「直線 2」のようになれば，最適解は点 Q：(5, 6)，目的関数の傾きが「直線 4」のようになれば，最適解は点 S：(10, 0) となる．このように，決定変数 x_1 の係数あるいは x_2 の係数の変動によって，目的関数の傾きは変化する．

現在の最適解 R：(9, 3) の特徴は，機械が稼働可能時間の制限まで利用され，原料

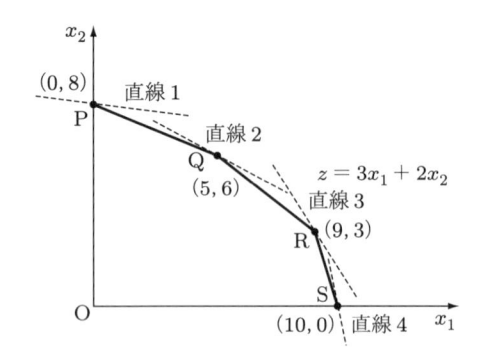

図 4.4 利益の相対的な比率と最適解

が上限まで利用されているが，労働時間には余裕のある状況で，製品 A を 9 kg，製品 B を 3 kg 製造することである．この解の特徴を変えない範囲で，目的関数の係数の変化による最適解への影響を分析する．

(1) 製品 A の価格変動

製品 B の利益は 2 万円のまま維持されるとして，製品 A の価格を減少させる場合を考えてみる．図 4.5 に示した破線は，もとの目的関数

$$z = 3x_1 + 2x_2$$

の等高線を示している．製品 A の価格を減少させていくと，図 4.5(a) に示したように，目的関数の傾きは水平になっていき，実線で示した直線 QR に平行な傾きになる．このとき，目的関数 z は，

$$z = \frac{4}{5}x_1 + 2x_2$$

となり，点 Q および点 R とその間の線分上の点はすべて最適解となる．

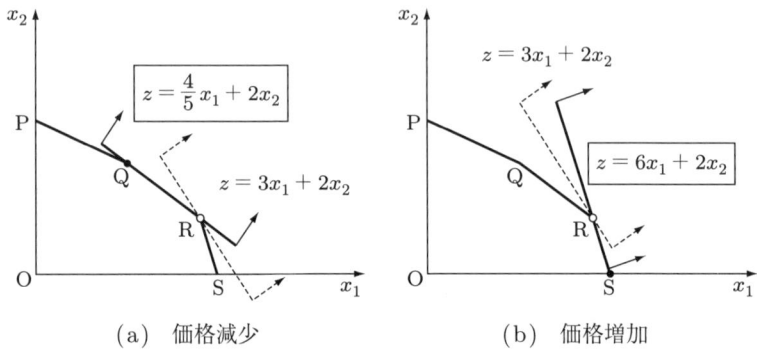

(a) 価格減少　　　(b) 価格増加

図 4.5 製品 A の単位当たりの利益の変化による影響

逆に，製品 B の利益は 2 万円のまま維持されるとして，製品 A の価格を増加させる場合を考えてみる．製品 A の利益が増加していくと，図 4.5(b) に示したように，目的関数の傾きは垂直方向に変化していき，実線で示した直線 RS に平行な傾きになる．このとき，目的関数 z は，

$$z = 6x_1 + 2x_2$$

となり，点 R および点 S とその間の線分上の点はすべて最適解となる．

したがって，経営上の検討事項①に関しては，次のように結論づけられる．

> 製品 A の利益が 4/5 より大きく，6 より小さい範囲では最適解に変化はないが，4/5 以下では点 Q : (5, 6) が最適解になってくる．また，利益が 6 以上になると点 S : (10, 0) が最適解になってくる．

(2) 製品 B の価格変動

製品 A の利益は 3 万円のまま維持されるとして，製品 B の価格を減少させる場合を考えてみる．図 4.5 と同様に，図 4.6 に示した破線はもとの目的関数

$$z = 3x_1 + 2x_2$$

の等高線を示している．製品 B の価格を減少させていくと，図 4.6(a) に示したように，目的関数の傾きは垂直になっていき，実線で示される直線 RS に平行な傾きになる．このとき，目的関数 z は，

$$z = 3x_1 + x_2$$

となり，点 R および点 S とその間の線分上の点はすべて最適解となる．

逆に，製品 A の利益は 3 万円のまま維持されるとして，製品 B の価格を増加させる場合を考えてみる．製品 B の価格を増加させていくと，図 4.6(b) に示したように，

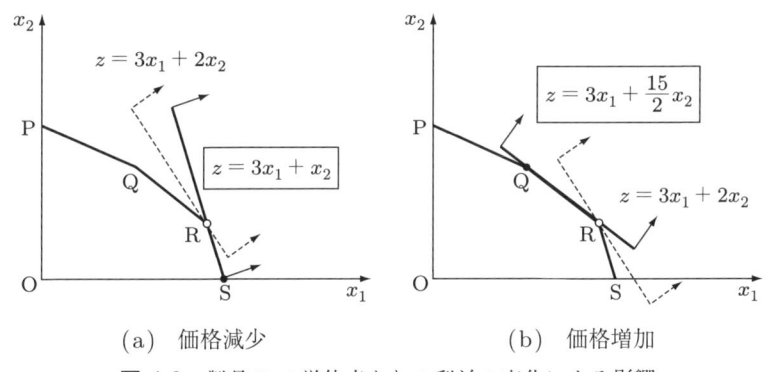

(a) 価格減少　　　(b) 価格増加

図 4.6　製品 B の単位当たりの利益の変化による影響

目的関数の傾きは水平になっていき，実線で示した直線 QR に平行な傾きになる．このとき，目的関数 z は，

$$z = 3x_1 + \frac{15}{2}x_2$$

となり，点 Q および点 R とその間の線分上の点は，すべて最適解となる．

したがって，経営上の検討事項②に関しては，次のように結論づけられる．

> 製品 B の利益が 1 より大きく，15/2 より小さい範囲では最適解に変化はないが，1 以下では点 S : (10, 0) が最適解になってくる．また，利益が 15/2 以上になると点 Q : (5, 6) が最適解になってくる．

演習問題 [4]

4.1 次の線形計画問題の双対問題を，定式化しなさい．

> maximize $\quad z = 4x_1 + 7x_2$
> subject to $\quad x_1 + 5x_2 \leqq 50$
> $\qquad\qquad 3x_1 + 4x_2 \leqq 62$
> $\qquad\qquad 5x_1 + 2x_2 \leqq 80$
> $\qquad\qquad x_1 \geqq 0,\ x_2 \geqq 0$

4.2 次の線形計画問題の双対問題を，定式化しなさい．

> minimize $\quad w = 5y_1 + 10y_2 + 8y_3$
> subject to $\quad y_1 + 4y_2 + 5y_3 \geqq 4$
> $\qquad\qquad 5y_1 + 9y_2 + 2y_3 \geqq 7$
> $\qquad\qquad y_1 \geqq 0,\ y_2 \geqq 0,\ y_3 \geqq 0$

4.3 問題 4.1 をシンプレックス法で解き，その最適シンプレックス・タブローから双対問題の最適解を求めなさい．

4.4 問題 4.1 がある企業 X の利益最大化の生産計画問題であると考えてみる．企業 X では，製品 A と製品 B を生産しており，製品 A と製品 B の製造数をそれぞれ x_1 と x_2 とする．また，制約式は資源 1，資源 2，資源 3 に対する資源制約と考える．このとき，3 本の制約式の右辺定数がそれぞれ 1 増加した場合，目的関数である利益にどのように影響するかについて述べなさい．

4.5 問題 4.1 の目的関数の決定変数 x_1 の係数は固定したままで，x_2 の係数を変化する場合を考えてみる．このとき，もとの最適解に変化が生じない x_2 の係数の上限と下限を求めなさい．

第5章 線形計画法（応用例）

本章では，線形計画法に関する3種類の応用例を示す．最初に食品スーパーの購買計画問題をとりあげ，できる限り現実に近い設定で定式化することによって，経営上の意思決定問題に対する線形計画法の適用例を示す．卸売市場での食品価格やトラック燃料の軽油価格などのデータを収集して，この購買計画問題は定式化されている．ある種の経済環境の変化により，これらのデータが変化した場合，得られた最適解が変動するかどうかを調べる感度分析についても言及する．

残り二つの応用例は，産業連関分析およびゲーム理論を取り扱い，線形計画法との接点について解説する．産業連関分析は，複数の産業間の販売と購入の関係を線形システムで表し，ある時期の集約データを基礎に産業間の相互関係を分析する手法である．一方，ゲーム理論は，人間の行動を数理モデルで表し，合理的な行動を想定した場合の社会の状況を予測あるいは記述するための理論である．ここでは，2人ゼロ和ゲームをとりあげる．

■5.1 食品スーパーの購買問題

食品スーパーCの生鮮食料品の購買問題を考えてみる．日本では新鮮さを重視して，野菜や果物はその日あるいは翌日に消費する少量を小分けにして購入する消費者が多く，そのような要求に応えるために，一般に食品スーパーは需要量を適切に把握して，卸売市場などから食品を購入している．食品スーパーCも同様に，野菜や果物の生鮮食料品を日本の各地の中央卸売市場から仕入れており，生鮮食料品の販売収入から仕入費用と輸送費用を差し引いた純利益を最大にしたいと考えている．したがって，食品スーパーCの購買問題は，食品の輸送問題を含んでいる．

最初に具体的な数値を与えるのではなく，一般的な表現で線形計画問題を定式化してみる．図5.1に示すように食品スーパーCは，n種類の生鮮食料品をs都市の中央卸売市場で仕入れている．各中央卸売市場で購入された食品は，東京にある食品スーパーCの倉庫へトラックで輸送される．食品iの仕入数量をx_i, $i=1,\cdots,n$とし，都市jの中央卸売市場での食品iの購入量をy_{ji}, $j=1,\cdots,s$, $i=1,\cdots,n$とする．x_iおよびy_{ji}をベクトル表記で表すと，それぞれ，

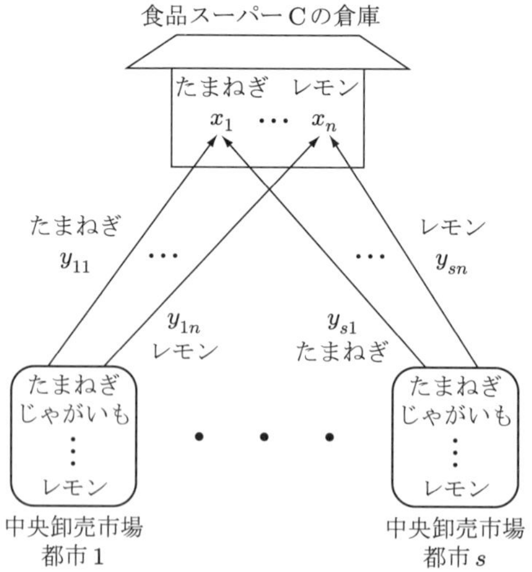
食品スーパー C の倉庫
たまねぎ　レモン
x_1 ⋯ x_n
たまねぎ
y_{11}
⋯
y_{1n}
レモン
y_{s1}
たまねぎ
⋯
レモン
y_{sn}
たまねぎ
じゃがいも
⋮
レモン
中央卸売市場
都市 1
たまねぎ
じゃがいも
⋮
レモン
中央卸売市場
都市 s

図 5.1　食品スーパー C の購買と輸送

$$\boldsymbol{x}^T = (x_1, \cdots, x_n)$$

$$\boldsymbol{y}^T = (\boldsymbol{y}_1^T, \cdots, \boldsymbol{y}_s^T), \quad \boldsymbol{y}_j^T = (y_{j1}, \cdots, y_{jn}), \quad j = 1, \cdots, s$$

であり，T はベクトルの転置を表す．

① **目的関数**：食品スーパー C の目的関数 $z(\boldsymbol{x}, \boldsymbol{y})$ は，販売収入から仕入費用と輸送費用を差し引いた純利益として，次のように表す．

$$z(\boldsymbol{x}, \boldsymbol{y}) = \sum_{i=1}^{n} c_i x_i - \sum_{j=1}^{s} \sum_{i=1}^{n} d_{ji} y_{ji} - \sum_{j=1}^{s} \sum_{i=1}^{n} b_{ji} y_{ji}$$

ここで，c_i は食品 i の小売価格，d_{ji} は都市 j の中央卸売市場での食品 i の購入価格，b_{ji} は都市 j から東京の倉庫への食品 i の 1 単位当たりの輸送費用であり，目的関数 $z(\boldsymbol{x}, \boldsymbol{y})$ の第 1 項は販売収入，第 2 項はすべての食品のすべての都市での仕入費用，第 3 項はすべての都市から食品スーパー C の倉庫への輸送費用を表している．

② **制約式**：食品 i の仕入数量 x_i に対して，これまでの需要データと食品スーパー C 自身の経営判断から設定された下限値 D_i^L と上限値 D_i^U があり，仕入数量は，次のような上下限制約を満たす必要がある．

$$D_i^L \leqq x_i \leqq D_i^U, \ i = 1, \cdots, n$$

食品 i は各地の中央卸売市場で購入されるが，その合計が食品 i の仕入数量 x_i

より大きいか，あるいは等しい必要がある．したがって，仕入れに関する制約は，次のように表される．

$$\sum_{j=1}^{s} y_{ji} \geqq x_i, \ i = 1, \cdots, n$$

さらに，各都市の中央卸売市場では，食品スーパー C の財政的な制約，あるいは購入可能量に制限がある．都市 j における予算の上限を o_j とすると，財政制約は，次のように示される．

$$\sum_{i=1}^{n} d_{ji} y_{ji} \leqq o_j, \ j = 1, \cdots, s$$

また，食品スーパー C の倉庫の容積を W とし，食品 i の単位当たりの体積を v_i とする．このとき，倉庫に関する制約は，次のように表される．

$$\sum_{i=1}^{n} v_i x_i \leqq W$$

③ **定式化**：食品スーパー C の食品購買問題は，これまで述べてきた制約式のもとで，目的関数 $z(\boldsymbol{x}, \boldsymbol{y})$ を最大化する問題であり，次の線形計画問題として定式化される．

線形計画問題 5.1（食品スーパーの購買問題）

maximize $\ z(\boldsymbol{x}, \boldsymbol{y}) = \sum_{i=1}^{n} c_i x_i - \sum_{j=1}^{s} \sum_{i=1}^{n} d_{ji} y_{ji} - \sum_{j=1}^{s} \sum_{i=1}^{n} b_{ji} y_{ji}$

subject to $\ D_i^L \leqq x_i \leqq D_i^U, \ i = 1, \cdots, n$

$\qquad\sum_{j=1}^{s} y_{ji} \geqq x_i, \ i = 1, \cdots, n$

$\qquad\sum_{i=1}^{n} d_{j2i} y_{ji} \leqq o_j, \ j = 1, \cdots, s$

$\qquad\sum_{i=1}^{n} v_i x_i \leqq W, \ i = 1, \cdots, n$

$\qquad\boldsymbol{x} \geqq \boldsymbol{0}, \ \boldsymbol{y} \geqq \boldsymbol{0}$

---

④ **数値データ**：線形計画問題として定式化された食品スーパー C の購買問題は一般的な定式化であるが，実際には，各種の数値データは，次のように設定される．食品スーパー C は 16 種類の野菜と果物を取り扱っており，八つの都市の中央卸売市場で食品を仕入れている．したがって，線形計画問題のパラメータ n と s は，

$n = 16$, $s = 8$ となる．16種類の食品は，たまねぎ（食品 1），じゃがいも（食品 2），キャベツ（食品 3），大根（食品 4），白菜（食品 5），人参（食品 6），きゅうり（食品 7），レタス（食品 8），トマト（食品 9），ほうれん草（食品 10），なす（食品 11），りんご（食品 12），バナナ（食品 13），いちご（食品 14），みかん（食品 15），レモン（食品 16）であり，これらの食品は札幌（都市 1），仙台（都市 2），新潟（都市 3），金沢（都市 4），東京（都市 5），大阪（都市 6），広島（都市 7），宮崎（都市 8）の 8 都市の中央卸売市場で仕入れられる．各食品の小売価格と各

表 5.1 小売価格と購入価格 [円/kg]

		食品 1 （たまねぎ）	食品 2 （じゃがいも）	食品 3 （キャベツ）	食品 4 （大根）	食品 5 （白菜）	食品 6 （人参）
小売価格		90	111	99	82	105	180
購入価格	都市 1（札幌）d_{1i}	55	57	100	102	104	156
	都市 2（仙台）d_{2i}	78	87	113	95	115	187
	都市 3（新潟）d_{3i}	73	90	98	85	114	169
	都市 4（金沢）d_{4i}	83	105	103	83	113	178
	都市 5（東京）d_{5i}	95	117	104	86	111	189
	都市 6（大阪）d_{6i}	111	110	88	71	97	189
	都市 7（広島）d_{7i}	92	81	87	72	104	179
	都市 8（宮崎）d_{8i}	85	106	72	60	88	151
		食品 7 （きゅうり）	食品 8 （レタス）	食品 9 （トマト）	食品 10 （ほうれん草）	食品 11 （なす）	食品 12 （りんご）
小売価格		259	162	347	275	358	245
購入価格	都市 1（札幌）d_{1i}	288	229	349	339	421	221
	都市 2（仙台）d_{2i}	270	168	394	284	336	250
	都市 3（新潟）d_{3i}	274	186	312	335	342	231
	都市 4（金沢）d_{4i}	276	188	429	296	373	226
	都市 5（東京）d_{5i}	273	170	365	289	377	258
	都市 6（大阪）d_{6i}	260	173	317	287	368	274
	都市 7（広島）d_{7i}	248	138	300	257	315	265
	都市 8（宮崎）d_{8i}	217	93	249	242	260	249
		食品 13 （バナナ）	食品 14 （いちご）	食品 15 （みかん）	食品 16 （レモン）		
小売価格		140	887	183	276		
購入価格	都市 1（札幌）d_{1i}	157	926	195	294		
	都市 2（仙台）d_{2i}	165	867	198	353		
	都市 3（新潟）d_{3i}	149	743	168	283		
	都市 4（金沢）d_{4i}	115	872	159	290		
	都市 5（東京）d_{5i}	147	934	193	290		
	都市 6（大阪）d_{6i}	147	939	156	310		
	都市 7（広島）d_{7i}	176	693	168	301		
	都市 8（宮崎）d_{8i}	186	782	150	231		

都市での購入価格を表 5.1 に示す．なお，購入価格は平成 20 年 3 月の各中央卸売市場での平均価格である．

生鮮食料品は 8 都市から東京の倉庫までトラックで輸送されるが，トラックの容量を 8 トンとし，高速道路を利用し，燃料費を 1 リットル当たり 116 円と仮定して，都市 j から食品 i を輸送する際の単位当たりの費用 b_{ji} を計算し，表 5.2 に示した．倉庫の容積 W は $150\,\mathrm{m}^2 \times 2\,\mathrm{m}$ であり，食品 i の単位当たりの体積 v_i は表 5.2 に示したとおりである．さらに，表 5.3 に示した食品 i の仕入数量の下

表 5.2 輸送費 [円/kg] と食品体積 [cm³/kg]

	食品 1 (たまねぎ)	食品 2 (じゃがいも)	食品 3 (キャベツ)	食品 4 (大根)	食品 5 (白菜)	食品 6 (人参)
都市 1 (札幌) b_{1i}	12.476020	7.984653	12.476020	2.694820	9.980816	5.988490
都市 2 (仙台) b_{2i}	2.834936	1.814359	2.834936	0.612346	2.267949	1.360769
都市 3 (新潟) b_{3i}	2.837123	1.815758	2.837123	0.612818	2.269698	1.361819
都市 4 (金沢) b_{4i}	3.882100	2.484544	3.882100	0.838534	3.105680	1.863408
都市 5 (東京) b_{5i}	0.202730	0.129747	0.202730	0.043790	0.162184	0.097310
都市 6 (大阪) b_{6i}	4.553846	2.914462	4.553846	0.983631	3.643077	2.185846
都市 7 (広島) b_{7i}	6.225852	3.984545	6.225852	1.344784	4.980682	2.988409
都市 8 (宮崎) b_{8i}	10.273461	6.575015	10.273461	2.219068	8.218769	4.931261
食品体積 v_i	5000	3200	5000	1080	4000	2400
	食品 7 (きゅうり)	食品 8 (レタス)	食品 9 (トマト)	食品 10 (ほうれん草)	食品 11 (なす)	食品 12 (りんご)
都市 1 (札幌) b_{1i}	2.495204	59.884896	4.990408	39.923264	24.952040	9.980816
都市 2 (仙台) b_{2i}	0.566987	13.607693	1.133974	9.071796	5.669872	2.267949
都市 3 (新潟) b_{3i}	0.567425	13.618188	1.134849	9.078792	5.674245	2.269698
都市 4 (金沢) b_{4i}	0.776420	18.634078	1.552840	12.422719	7.764199	3.105680
都市 5 (東京) b_{5i}	0.040546	0.973104	0.081092	0.648736	0.405460	0.162184
都市 6 (大阪) b_{6i}	0.910769	21.858463	1.821539	14.572308	9.107693	3.643077
都市 7 (広島) b_{7i}	1.245170	29.884090	2.490341	19.922727	12.451704	4.980682
都市 8 (宮崎) b_{8i}	2.054692	49.312615	4.109385	32.875076	20.546923	8.218769
食品体積 v_i	1000	24000	2000	16000	10000	4000
	食品 13 (バナナ)	食品 14 (いちご)	食品 15 (みかん)	食品 16 (レモン)		
都市 1 (札幌) b_{1i}	2.495204	4.990408	3.742806	3.742806		
都市 2 (仙台) b_{2i}	0.566987	1.133974	0.850481	0.850481		
都市 3 (新潟) b_{3i}	0.567425	1.134849	0.851137	0.851137		
都市 4 (金沢) b_{4i}	0.776420	1.552840	1.164630	1.164630		
都市 5 (東京) b_{5i}	0.040546	0.081092	0.060819	0.060819		
都市 6 (大阪) b_{6i}	0.910769	1.821539	1.366154	1.366154		
都市 7 (広島) b_{7i}	1.245170	2.490341	1.867756	1.867756		
都市 8 (宮崎) b_{8i}	2.054692	4.109385	3.082038	3.082038		
食品体積 v_i	1000	2000	1500	1500		

表 5.3 食品スーパーの購買問題の結果および仕入数量の上下限と予算

	食品 1	食品 2	食品 3	食品 4	食品 5	食品 6
仕入数量[kg]: x_i	5000	5000	2000	5000	10000	2000
都市 1 での購入量[kg]: y_{1i}	5000	5000	0	0	0	2000
都市 2 での購入量[kg]: y_{2i}	0	0	0	0	0	0
都市 3 での購入量[kg]: y_{3i}	0	0	0	0	0	0
都市 4 での購入量[kg]: y_{4i}	0	0	0	0	0	0
都市 5 での購入量[kg]: y_{5i}	0	0	0	0	969	0
都市 6 での購入量[kg]: y_{6i}	0	0	0	0	9031	0
都市 7 での購入量[kg]: y_{7i}	0	0	0	0	0	0
都市 8 での購入量[kg]: y_{8i}	0	0	2000	5000	0	0
仕入数量の下限[kg]: D_i^L	4000	4000	2000	5000	10000	2000
購入量の和[kg]: $\sum_{j=1}^{8} y_{ji}$	5000	5000	2000	5000	10000	2000
仕入数量の上限[kg]: D_i^U	5000	5000	2400	6000	14000	2500

	食品 7	食品 8	食品 9	食品 10	食品 11	食品 12
仕入数量[kg]: x_i	800	1500	3722	3000	1200	6000
都市 1 での購入量[kg]: y_{1i}	0	0	0	0	0	5104
都市 2 での購入量[kg]: y_{2i}	0	0	0	0	0	0
都市 3 での購入量[kg]: y_{3i}	0	0	0	0	0	0
都市 4 での購入量[kg]: y_{4i}	0	0	0	0	0	277
都市 5 での購入量[kg]: y_{5i}	0	0	0	3000	0	619
都市 6 での購入量[kg]: y_{6i}	0	0	0	0	0	0
都市 7 での購入量[kg]: y_{7i}	0	0	0	0	0	0
都市 8 での購入量[kg]: y_{8i}	800	1500	3722	0	1200	0
仕入数量の下限[kg]: D_i^L	800	1500	3000	3000	1200	6000
購入量の和[kg]: $\sum_{j=1}^{8} y_{ji}$	800	1500	3722	3000	1200	6000
仕入数量の上限[kg]: D_i^U	1000	2000	4000	3600	1500	6600

	食品 13	食品 14	食品 15	食品 16	購入額[円]	予算 o_j [円]
仕入数量[kg]: x_i	12500	6000	4000	1000		
都市 1 での購入量[kg]: y_{1i}	0	0	0	0	2,000,000	2,000,000
都市 2 での購入量[kg]: y_{2i}	0	1730	0	0	1,500,000	1,500,000
都市 3 での購入量[kg]: y_{3i}	0	2019	0	0	1,500,000	1,500,000
都市 4 での購入量[kg]: y_{4i}	12500	0	0	0	1,500,000	1,500,000
都市 5 での購入量[kg]: y_{5i}	0	87	0	982	1,500,000	1,500,000
都市 6 での購入量[kg]: y_{6i}	0	0	4000	0	1,500,000	1,500,000
都市 7 での購入量[kg]: y_{7i}	0	2164	0	0	1,500,000	1,500,000
都市 8 での購入量[kg]: y_{8i}	0	0	0	18	2,000,000	2,000,000
仕入数量の下限[kg]: D_i^L	12500	6000	4000	1000	—	—
購入量の和[kg]: $\sum_{j=1}^{8} y_{ji}$	12500	6000	4000	1000	—	—
仕入数量の上限[kg]: D_i^U	14500	7500	4800	1300	—	—

倉庫使用容積[cm³]: $\sum_{i=1}^{16} v_i x_i = 261,443,801$	倉庫容積[cm³]: $W = 300,000,000$
販売収入[円] $\sum_{i=1}^{n} c_i x_i = 15,569,354$	仕入費用[円] $\sum_{j=1}^{s} \sum_{i=1}^{n} d_{ji} y_{ji} = 13,000,000$
輸送費用[円] $\sum_{j=1}^{s} \sum_{i=1}^{n} b_{ji} y_{ji} = 373,327$	純利益[円] $z(\boldsymbol{x}, \boldsymbol{y}) = 2,196,027$

限 D_i^L は，1万世帯の需要として定められており，その上限値 D_i^U は下限値 D_i^L の 1.1 倍から 1.4 倍に設定されている．また，8 都市のそれぞれの予算の上限 o_j を表 5.3 に示した．これらのデータは，表 5.3 では網掛け表示して区分している．

このような現実的なデータを用いて線形計画問題として定式化された食品スーパー C の購買問題を，第 3 章で解説した Microsoft Excel のソルバーを用いて解くと，表 5.3 に示すような最適解が得られる．表 5.3 からわかるように，食品スーパー C の最大化された利益 $z(\boldsymbol{x},\boldsymbol{y})$ は，

$$z(\boldsymbol{x},\boldsymbol{y}) = 2{,}196{,}027 \text{円}$$

である．このとき，販売収入は 15,569,354 円となり，仕入費用は 13,000,000 円，輸送費用が 373,327 円となっている．仕入数量の上限に達している食品は食品 1 のたまねぎと食品 2 のじゃがいもで，食品 9 のトマトは上限でも下限でもなくその中間の数量で，そのほかの食品の仕入数量はすべて下限値である．また，各都市の購入額の合計はすべて予算額に一致しており，予算の上限まで食品が仕入れられていることがわかる．

表 5.1 に示したように，すべての食品に関して都市 5 の東京の中央卸売市場での購入価格は小売価格より高いが，仕入数量の制約を満足させるために，食品 5 の白菜，食品 10 のほうれん草，食品 12 のりんご，食品 14 のいちご，食品 16 のレモンは東京の中央卸売市場で仕入れられている．基本的には，予算制約のもとで食品スーパー C はできるだけ利益率 $(c_i - d_{ji} - b_{ji})/c_i$ の高い都市で食品を購入していることがわかる．たとえば，食品 3 のキャベツは利益率の高い宮崎で購入され，同様に食品 13 のバナナは金沢で購入されている．

このように，線形計画法を用いて最適な購買計画を立案することができたが，このような経営上の意思決定問題では，前提にしていた条件が少し変化したら結果にどのように影響するかを確認しておくことが望ましい．たとえば，食品スーパー C の購買計画問題で，各都市の中央卸売市場から東京の倉庫まで食品をトラックで輸送することを前提とし，その燃料である軽油の費用を 1 リットル当たり 116 円と仮定していた．しかし，燃料価格は変動することがあり，実際，平成 20 年では軽油価格が 1 リットル当たり 148 円まで高騰した．このような場合を考慮し，各種の数値データが予測される範囲で変化しても得られた解が妥当であるかどうかを確認することがある．燃料価格の変化を考慮する場合には，たとえば，軽油価格を 1 リットル当たり 148 円として，線形計画問題として定式化された食品スーパー C の購買問題を解きなおせばよい．このような分析は，第 4 章で説明したように感度分析とよばれている．

軽油価格を 1 リットル当たり 116 円から 148 円に変更して，定式化した線形計画問

題を解いた結果，最適解は変化しなかった．したがって，販売収入と仕入費用には変化はなく，それぞれ 15,569,354 円と 13,000,000 円であるが，軽油価格の上昇から輸送費用が 26,007 円だけ上昇して 399,334 円となり，純利益は 2,170,019 円となった．その結果，最終的に食品スーパー C の利益は，軽油価格の上昇から 26,007 円減少することがわかる．

別の視点から感度分析を考えてみる．最適解において仕入数量の上限に達している食品に関して，その上限が緩和されればより多くの仕入れが見込まれることから，この上限値を増加させた場合，最適解や利益がどのように変化するかを調査することは食品スーパー C にとって興味のある問題である．

食品 2 のじゃがいもが仕入数量の上限に達していることから，仕入数量の上限を 5000 単位から 5100 単位に変化させ，最適解や利益の変化を確認する．同様に計算した結果，都市 1 の札幌での食品 2 のじゃがいもの購入量が増加し，予算制約のため食品 12 のりんごが減少した．その影響で，都市 5 の東京で，食品 12 のりんごの購入量が増加し，食品 16 のレモンが減少した．最終的に，都市 8 の宮崎で食品 16 のレモンの購入量が増加し，食品 9 のトマトの購入量が減少した．

この結果，販売収入が 3,734 円増加して 15,573,088 円となった．仕入費用は変わらないが，輸送費用が 527 円だけ増加して 373,854 円となり，最終的に，食品スーパー C の純利益は，食品 2 のじゃがいもの仕入数量の上限を 100 単位だけ増やしたことにより，3,207 円増加して 2,199,233 円となることがわかった．

仕入数量の上下限と同様に，各都市の予算額は食品スーパー C の経営上の判断で変更することができる数値データである．とくに都市 8 の宮崎では，ほとんどの食品はほかの都市と比べて低価格で購入できる．そこで，都市 8 の宮崎の予算額を 2,000,000 円から 2,100,000 円へ引き上げた場合の最適解や利益の変化を調査する．計算の結果，次のような変化がみられた．

まず，都市 8 の宮崎の予算額を引き上げたために，食品 9 のトマトの購入量が上限まで増加し，さらに食品 16 のレモンは都市 5 の東京での購入量を減少させて都市 8 の宮崎での購入量を増加させている．食品 12 のりんごに関して都市 5 の東京での購入量が増加し，都市 4 の金沢で減少している．その影響で都市 4 の金沢で食品 13 のバナナの購入量が増加している．

これらの一連の変動の結果，販売収入が 137,499 円増加して 15,706,853 円となり，仕入費用は増分の 100,000 円だけ増加して 13,100,000 円となった．さらに輸送費用が 1,333 円だけ増加して 374,660 円となり，最終的に，食品スーパー C の純利益は，都市 8 の宮崎の予算額を 100,000 円だけ引き上げたことによって，36,167 円増加して 2,232,193 円となることがわかった．

■5.2 産業連関分析

経済学の分野で，線形計画法と関連の深い初期の研究に，産業連関分析がある．産業連関分析では，複数の産業間の販売と購入の関係を線形システムで表し，ある時期の産業間の販売および購入量が，産業連関表あるいは投入産出表とよばれる集約データにまとめられ，この集約データを基礎に産業間の相互関係が分析される．

産業連関表を理解するために，国内の産業が四つの産業に集約できると仮定し，4産業を (1) 農業，(2) 工業，(3) サービス業，(4) その他に分類する．表 5.4 にこの四つの産業間の販売と購入の取引関係を表す産業連関表を示す．

表 5.4　産業連関表

	(1) 農業	(2) 工業	(3) サービス業	(4) その他	最終需要	国内生産額
(1) 農業	200	1000	200	500	700	2600
(2) 工業	250	2200	250	400	4900	8000
(3) サービス業	350	1000	160	600	800	2910
(4) その他	300	700	100	400	3500	5000
(0) 労働者家計	550	1300	700	900		
付加価値	950	1800	1500	2200		
国内生産額	2600	8000	2910	5000		

ここで示した数値は仮想的なデータであるが，一般に産業連関表には，ある一定期間の産業間の生産物のような財やサービスの循環関係を行列形式に表した統計データが用いられる．

はじめに表 5.4 の行に注目する．たとえば，農業の行では農業の産出物が同じ農業で 200 単位販売され，工業で 1000 単位，サービス業で 200 単位，その他で 500 単位，家計や政府への消費などを表す最終需要で 700 単位消費されたことを表しており，これらの販売量の合計が国内生産額として 2600 単位として合計されている．産業連関表の単位は，金額や生産数量を表している．農業から他産業への販売は，農業での産出物がその産業での原材料となることを意味しているので，最終需要に対して，この販売額は中間需要とよばれる．

いま，表 5.4 の数値を金銭で表される価値額と考える．行の番号を i とし，x_i を産業 i の産出額，x_{ij} を産業 i から産業 j への中間需要，f_i を産業 i の最終需要とすると，$i = 1, 2, 3, 4$ に対して，

$$x_{11} + x_{12} + x_{13} + x_{14} + f_1 = x_1 \tag{5.1a}$$

$$x_{21} + x_{22} + x_{23} + x_{24} + f_2 = x_2 \tag{5.1b}$$

$$x_{31} + x_{32} + x_{33} + x_{34} + f_3 = x_3 \tag{5.1c}$$
$$x_{41} + x_{42} + x_{43} + x_{44} + f_4 = x_4 \tag{5.1d}$$

が得られる．$i = 1$ の農業にあてはめると，$x_{11} = 200$, $x_{12} = 1000$, $x_{13} = 200$, $x_{14} = 500$, $f_1 = 700$, $x_1 = 2600$ より，式 (5.1a) の

$$x_{11} + x_{12} + x_{13} + x_{14} + f_1 = x_1$$

は，

$$200 + 1000 + 200 + 500 + 700 = 2600$$

となる．

次に，列に着目する．工業の列では，農業から 1000 単位，工業自身から 2200 単位，サービス業から 1000 単位，その他から 700 単位の生産物のような財やサービスを工業が原材料として購入していることがわかる．さらに，労働者家計と付加価値はそれぞれ労働者の雇用と設備購入に対する引当金などに対する費用として集計されており，ここでは 1300 単位と 1800 単位となっており，原材料に加えて新たな価値が追加されている．これらの総支出は最下行に示しており，工業で産出される財やサービスの販売による収入である国内生産額と等しくなっている．産業 j の生産物やサービスを 1 単位産出するのに必要な産業 i の財やサービスの投入量 a_{ij} は，

$$a_{ij} = \frac{x_{ij}}{x_j} \tag{5.2}$$

で表され，この数値は**投入係数**とよばれる．たとえば，工業の国内生産は 8000 単位であるので，工業の製品を 1 単位産出するためには，農業，工業，サービス業，その他のそれぞれの財やサービスが，

$$a_{12} = \frac{1000}{8000}, \quad a_{22} = \frac{2200}{8000}, \quad a_{32} = \frac{1000}{8000}, \quad a_{42} = \frac{700}{8000}$$

単位ずつ必要であることがわかる．この係数はある一定期間に集計された統計データであるが，さまざまなを分析を行ううえで，このような係数 a_{ij} は与えられたデータとして取り扱われる．投入係数の定義式 (5.2) から，

$$x_{ij} = a_{ij} x_j$$

なので，需要と産出額の関係式 (5.1) は，

$$a_{11}x_1 + a_{12}x_2 + a_{13}x_3 + a_{14}x_4 + f_1 = x_1$$
$$a_{21}x_1 + a_{22}x_2 + a_{23}x_3 + a_{24}x_4 + f_2 = x_2$$
$$a_{31}x_1 + a_{32}x_2 + a_{33}x_3 + a_{34}x_4 + f_3 = x_3$$
$$a_{41}x_1 + a_{42}x_2 + a_{43}x_3 + a_{44}x_4 + f_4 = x_4$$

と書きなおせる．ここで，最終需要 f_i は計画の目標値のように与えられた数値で，a_{ij} は過去の産業連関表から得られた観測値で，産出額 x_i を変数と考える．変数 x_i について整理すれば，

$$\begin{aligned}(1-a_{11})x_1 & - a_{12}x_2 & - a_{13}x_3 & - a_{14}x_4 = f_1 \\ -a_{21}x_1 & + (1-a_{22})x_2 & - a_{23}x_3 & - a_{24}x_4 = f_2 \\ -a_{31}x_1 & - a_{32}x_2 & + (1-a_{33})x_3 & - a_{34}x_4 = f_3 \\ -a_{41}x_1 & - a_{42}x_2 & - a_{43}x_3 & + (1-a_{44})x_4 = f_4\end{aligned}$$

が得られる．ただし，x_i は産出額なので非負，すなわち，

$$x_i \geqq 0, \quad i = 1, 2, 3, 4$$

である．たとえば，農業に関する等式

$$(1-a_{11})x_1 - a_{12}x_2 - a_{13}x_3 - a_{14}x_4 = f_1$$

は，農業で x_1 単位製造され，そのうち農業自身への原料として $a_{11}x_1$ 単位，工業への原料として $a_{12}x_2$ 単位，サービス業への原料として $a_{13}x_3$ 単位，その他への原料として $a_{14}x_4$ 単位使用され，その残りが最終需要として f_1 単位使用されることを意味している．

この連立方程式をベクトル行列形式で表せば，

$$\begin{bmatrix}(1-a_{11}) & -a_{12} & -a_{13} & -a_{14} \\ -a_{11} & (1-a_{12}) & -a_{13} & -a_{14} \\ -a_{11} & -a_{12} & (1-a_{13}) & -a_{14} \\ -a_{11} & -a_{12} & -a_{13} & (1-a_{14})\end{bmatrix} \begin{bmatrix}x_1 \\ x_2 \\ x_3 \\ x_4\end{bmatrix} = \begin{bmatrix}f_1 \\ f_2 \\ f_3 \\ f_4\end{bmatrix}$$

となり，生産量 x_i, $i = 1, 2, 3, 4$ は，投入係数行列の逆行列を用いて次のように求めることができる．

$$\begin{bmatrix}x_1 \\ x_2 \\ x_3 \\ x_4\end{bmatrix} = \begin{bmatrix}(1-a_{11}) & -a_{12} & -a_{13} & -a_{14} \\ -a_{11} & (1-a_{12}) & -a_{13} & -a_{14} \\ -a_{11} & -a_{12} & (1-a_{13}) & -a_{14} \\ -a_{11} & -a_{12} & -a_{13} & (1-a_{14})\end{bmatrix}^{-1} \begin{bmatrix}f_1 \\ f_2 \\ f_3 \\ f_4\end{bmatrix}$$

最終需要 f_i は，計画の目標値として与えられ，投入係数 a_{ij} が過去の産業連関表から得られた観測値とすれば，変数としての産出額 x_i は上の式から計算できる．

しかし，投入係数 a_{ij} の定義式 (5.2) から産業 j の産出額 x_j が，

$$x_j = \frac{x_{ij}}{a_{ij}}$$

と定まるが，一般には任意の産業 i の投入額 x_{ij} が与えられても同一の x_j が定まると

は限らない．すなわち，労働者家計に対応する労働者の雇用 x_{0j} と 4 種類の産業からの投入量 x_{ij}, $i = 1, 2, 3, 4$ を考慮すると，

$$x_j = \frac{x_{1j}}{a_{1j}} = \frac{x_{2j}}{a_{2j}} = \frac{x_{3j}}{a_{3j}} = \frac{x_{4j}}{a_{4j}} = \frac{x_{0j}}{a_{0j}}$$

が成立すると考えるよりも，むしろ，産出額 x_j はもっとも効率の悪い産業によって決定されると考えれば，

$$x_j = \min\left\{\frac{x_{1j}}{a_{1j}}, \frac{x_{2j}}{a_{2j}}, \frac{x_{3j}}{a_{3j}}, \frac{x_{4j}}{a_{4j}}, \frac{x_{0j}}{a_{0j}}\right\}$$

となり，これは次のように書きなおせる．

$$x_{ij} \geqq a_{ij} x_j, \quad i = 1, 2, 3, 4, 0$$

したがって，式 (5.1) より，

$$a_{11}x_1 + a_{12}x_2 + a_{13}x_3 + a_{14}x_4 + f_1 \leqq x_1 \quad (5.3\text{a})$$
$$a_{21}x_1 + a_{22}x_2 + a_{23}x_3 + a_{24}x_4 + f_2 \leqq x_2 \quad (5.3\text{b})$$
$$a_{31}x_1 + a_{32}x_2 + a_{33}x_3 + a_{34}x_4 + f_3 \leqq x_3 \quad (5.3\text{c})$$
$$a_{41}x_1 + a_{42}x_2 + a_{43}x_3 + a_{44}x_4 + f_4 \leqq x_4 \quad (5.3\text{d})$$

が得られる．非負制約 $x_i \geqq 0$, $i = 1, 2, 3, 4$ を加えても，一般に不等式 (5.3) を満足する解は多数存在し，一つに定まる解を与えない．唯一の解を与えるためには，最大化あるいは最小化すべき目的関数を導入する必要がある．そのような目的関数は，さまざまに設定することができるが，ここでは各産業が同じ生産物のような財やサービスを産出できれば，投入される労働力はできるだけ少ないほうがよいと考えられることから，労働者家計に対応する労働の投入額

$$x_0 = a_{01}x_1 + a_{02}x_2 + a_{03}x_3 + a_{04}x_4$$

を最小化することを考える．このとき，不等式 (5.3) を整理して制約式とし，さらに非負制約を付加すれば，次の線形計画問題が定式化できる．

線形計画問題 5.2（産業連関分析）

minimize $\quad x_0 = a_{01}x_1 + a_{02}x_2 + a_{03}x_3 + a_{04}x_4$

subject to $\quad (1-a_{11})x_1 - a_{12}x_2 - a_{13}x_3 - a_{14}x_4 \geqq f_1$
$\quad\quad\quad\quad\quad -a_{21}x_1 + (1-a_{22})x_2 - a_{23}x_3 - a_{24}x_4 \geqq f_2$
$\quad\quad\quad\quad\quad -a_{31}x_1 - a_{32}x_2 + (1-a_{33})x_3 - a_{34}x_4 \geqq f_3$
$\quad\quad\quad\quad\quad -a_{41}x_1 - a_{42}x_2 - a_{43}x_3 + (1-a_{44})x_4 \geqq f_4$
$\quad\quad\quad\quad\quad x_i \geqq 0, \quad i = 1, 2, 3, 4$

線形計画問題 5.2（産業連関分析）の最適解では，各産業がそれぞれの最終需要および中間需要を満たすように財やサービスを提供したうえで，不要な労働力を投入しないために労働の投入額を最小化する生産状況が示される．

これまで述べてきた表 5.4 に示した産業連関表は 4 産業モデルであるため，四つの変数である産出額 x_i, $i = 1, 2, 3, 4$ を取り扱っており，産出額決定の因果関係を図を用いて説明することは困難である．そこで，表 5.5 に示した簡単な 2 産業モデルを用いて，これらの関係をわかりやすく解説する．

表 5.5　2 産業モデル

	(1) 産業 1	(2) 産業 2	最終需要	国内生産額
(1) 産業 1	200	1000	300	1500
(2) 産業 2	250	2200	2550	5000
(0) 労働者家計	550	1000		
付加価値	500	800		
国内生産額	1500	5000		

投入係数 a_{ij} は，式 (5.2) に示したように，

$$a_{ij} = \frac{x_{ij}}{x_j}$$

なので，

$$\begin{bmatrix} a_{11} & a_{12} \\ a_{21} & a_{22} \end{bmatrix} = \begin{bmatrix} \dfrac{2}{15} & \dfrac{1}{5} \\ \dfrac{1}{6} & \dfrac{11}{25} \end{bmatrix}, \quad (a_{01}, a_{02}) = \left(\dfrac{11}{30}, \dfrac{1}{5} \right)$$

となる．これを線形計画問題 5.2（産業連関分析）にあてはめると，次の問題が得られる．

$$\begin{aligned}
\text{minimize} \quad & x_0 = \frac{11}{30}x_1 + \frac{1}{5}x_2 \\
\text{subject to} \quad & \frac{13}{15}x_1 - \frac{1}{5}x_2 \geqq 300 \\
& -\frac{1}{6}x_1 + \frac{14}{25}x_2 \geqq 2550 \\
& x_1 \geqq 0,\ x_2 \geqq 0
\end{aligned}$$

図 5.2 を用いて，2 産業モデルの線形計画問題の最適解を求めてみる．
不等式制約

112 第 5 章 線形計画法（応用例）

$$\frac{13}{15}x_1 - \frac{1}{5}x_2 \geqq 300$$

は，産業 1 の産出物を自産業と他産業への中間需要および最終需要を満たすように供給するための条件である．同様に，不等式制約

$$-\frac{1}{6}x_1 + \frac{14}{25}x_2 \geqq 2550$$

は，産業 2 の産出物を自産業と他産業への中間需要および最終需要を満たすように供給するための条件である．図 5.2 では，斜線で示した領域がこれらの条件を同時に満足する産出額の組合せを示している．また，破線は同じ目的関数の値をもたらす解の集合（目的関数の等高線）を表している．目的関数を最小化する方向は図の左下の方向なので，実行可能領域において破線で示した労働の投入額の水準を最小化した最適解は，産業 1 の産出額が 1500 単位で，産業 2 の産出額が 5000 単位であることがわかる．これらの額は国内生産額に等しいが，この解に対する解釈は，次に示す 4 産業モデルにおける解釈と同様である．

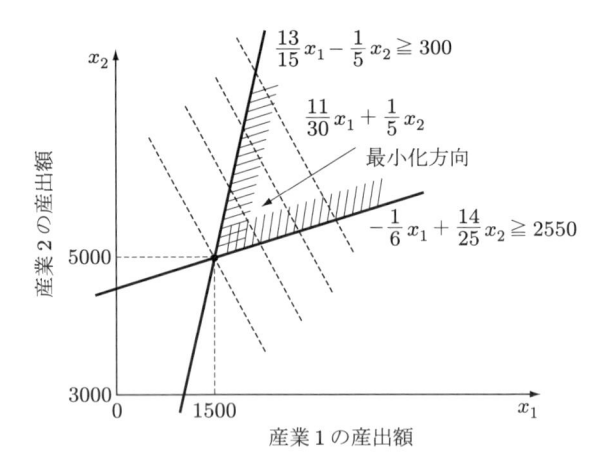

これまで，図を用いて 2 産業モデルの産出額の決定過程を説明してきたので，再び 4 産業モデルに戻り，各産業の産出額の決定過程を説明する．表 5.4 のデータから，投入係数を計算すると，

$$\begin{bmatrix} a_{11} & a_{12} & a_{13} & a_{14} \\ a_{21} & a_{22} & a_{23} & a_{24} \\ a_{31} & a_{32} & a_{33} & a_{34} \\ a_{41} & a_{42} & a_{43} & a_{44} \end{bmatrix} = \begin{bmatrix} 0.077 & 0.125 & 0.069 & 0.100 \\ 0.096 & 0.275 & 0.086 & 0.080 \\ 0.135 & 0.125 & 0.055 & 0.120 \\ 0.115 & 0.088 & 0.034 & 0.080 \end{bmatrix}$$

$$(a_{01}, a_{02}, a_{03}, a_{04}) = (0.212, 0.163, 0.241, 0.180)$$

となる．これを線形計画問題 5.2（産業連関分析）にあてはめると，次の問題が得られる．

$$
\begin{aligned}
\text{minimize} \quad & x_0 = 0.212x_1 + 0.163x_2 + 0.241x_3 + 0.180x_4 \\
\text{subject to} \quad & 0.923x_1 - 0.125x_2 - 0.069x_3 - 0.100x_4 \geqq 700 \\
& -0.096x_1 + 0.725x_2 - 0.086x_3 - 0.080x_4 \geqq 4900 \\
& -0.135x_1 - 0.125x_2 + 0.945x_3 - 0.120x_4 \geqq 800 \\
& -0.115x_1 - 0.088x_2 - 0.034x_3 + 0.920x_4 \geqq 3500 \\
& x_i \geqq 0, \quad i = 1, 2, 3, 4
\end{aligned}
$$

この問題の最適解は，第 3 章で解説した Microsoft Excel のソルバーを用いて解くと，

$$x_1 = 2600, \quad x_2 = 8000, \quad x_3 = 2910, \quad x_4 = 5000$$

となる．この最適解は，表 5.4 に示した国内生産額に一致している．もともと投入係数 a_{ij} は，

$$a_{ij} = \frac{x_{ij}}{x_j}$$

となり，表 5.4 に示した産業 i の産出額 x_i と産業 i から産業 j への中間需要 x_{ij} によって計算されているので，適切な労働の投入額のもとで，最適解が表 5.4 に示した国内生産額と一致する．

産業連関分析では，このように与えられた産業構造を表す投入係数のもとで，最終需要が変化した場合，各産業の産出額や中間需要にどのように影響するかが予想できる．

たとえば，農業，工業，その他の最終需要は表 5.4 に示した数値と同じ，すなわち，それぞれ 700 単位，4900 単位，3500 単位のままで，サービス業の最終需要が 800 単位から 1000 単位へ変化したとする．

このとき，産業構造を表す投入係数が不変であると仮定したときの各産業の産出額がいかに変化するかを考える．この場合，各産業の産出額を求めるための線形計画問題はもとの問題の 3 番目の制約式

$$-0.135x_1 - 0.125x_2 + 0.945x_3 - 0.120x_4 \geqq 800$$

の右辺定数が 800 から 1000 に変化した問題で，次のように定式化される．

$$\begin{aligned}
\text{minimize} \quad & x_0 = 0.212x_1 + 0.163x_2 + 0.241x_3 + 0.180x_4 \\
\text{subject to} \quad & 0.923x_1 - 0.125x_2 - 0.069x_3 - 0.100x_4 \geqq 700 \\
& -0.096x_1 + 0.725x_2 - 0.086x_3 - 0.080x_4 \geqq 4900 \\
& -0.135x_1 - 0.125x_2 + 0.945x_3 - 0.120x_4 \geqq \boxed{1000} \\
& -0.115x_1 - 0.088x_2 - 0.034x_3 + 0.920x_4 \geqq 3500 \\
& x_i \geqq 0, \quad i = 1, 2, 3, 4
\end{aligned}$$

この問題の最適解は，

$$x_1 = 2622, \quad x_2 = 8031, \quad x_3 = 3131, \quad x_4 = 5014$$

である．もとの問題と，3番目の制約式の右辺定数を800から1000に変更した問題の最適解の差分を $\Delta x_i, \ i = 1, 2, 3, 4$ とすると，

$$\Delta x_1 = 22, \quad \Delta x_2 = 31, \quad \Delta x_3 = 221, \quad \Delta x_4 = 14$$

である．サービス業の最終需要が200単位だけ増加したが，この増分を一致させるためにサービス業の産出額だけでなく，ほかの産業の産出額も農業が22単位，工業が31単位，その他が14単位増加していることがわかる．また，サービス業の最終需要の増分が200単位であるにもかかわらず，サービス業の産出額は221単位増加し，最終需要の増加以上に産出額が増え，1.105倍に増加している．

このように，各産業の産出額は線形計画問題5.2（産業連関分析）を解くことによって計算できることを示したが，もちろん最初に示したように逆行列を用いて計算できることに注意すること．また，この例では，産業間の関連性を産出額の視点から説明しているが，価格の観点から考察することもできる．さらに，拡張したモデルを用いることにより，2時点あるいは2地域間の産業構造の変化や差異を分析することもできる．これらの関連事項に関しては，産業連関分析の専門書を参照してほしい．

■5.3 ゲーム理論

本節では，ゲーム理論のなかでも線形計画法と関連のもっとも深い2人ゼロ和ゲームを取り扱う．近年，ゲーム理論の教科書は数多く出版されているが，そのなかでしばしば引用されているコイン合わせゲームと2国間の軍事作戦をモデル化したゲームをとりあげ，2人ゼロ和ゲームの特徴を説明する．

コイン合わせゲームでは，2人のプレイヤーが1円硬貨の表か裏を同時に選択する．2人のプレイヤーを区別するために，一方のプレイヤーをプレイヤー1とよび，他方

をプレイヤー2とよぶことにする．両者の選択結果が，表と表あるいは裏と裏のように同じ面であれば，プレイヤー1がプレイヤー2の1円硬貨を獲得し，表と裏あるいは裏と表のように異なる面が選択されたのであれば，プレイヤー1がプレイヤー2に1円硬貨を与える．

このゲームは2人のプレイヤーによるゲームであり，ゲームの終了時点での両者の利得の合計がゼロになるので，**2人ゼロ和ゲーム**とよばれる．2人ゼロ和ゲームでは，勝ったプレイヤーが得た利得を負けたプレイヤーが支払うことになるので，完全な対立関係があり，両プレイヤーに協力する余地はまったくない．

コイン合わせゲームを用いて，サッカーのペナルティキックの状況を記述することもできる．ゴールキーパーはキッカーがボールを蹴る向きと同じ向きにジャンプすれば，ゴールを守ることができるので，コイン合わせゲームにおいて，同じ面が示されると正の利得のあるプレイヤー1に相当する．キッカーはゴールキーパーがジャンプする向きと反対側にボールを蹴るとゴールできるので，コイン合わせゲームにおいて異なる面が示されると正の利得のあるプレイヤー2に対応する．

コイン合わせゲームでは，各プレイヤーが表か裏かを選択してゲームをプレイするが，この行動の選択肢を**戦略**とよぶ．このゲームには，各プレイヤーに二つの戦略があるので，表5.6に示した**利得表**とよばれる2×2行列でゲームを表すことができる．

表5.6 コイン合わせゲームの利得表

	表	裏
表	1	-1
裏	-1	1

この行列にはプレイヤー1の利得のみが記されているが，ゼロ和なのでプレイヤー2の利得は各要素に-1をかけた数値で表すことができる．

次に，2国間の軍事作戦を2人ゼロ和ゲームとしてモデル化する[1]．B国軍は島にある軍事拠点Sから都市Tへ物資を輸送することを決定した．図5.3に示すように，物資の輸送路として島の北側を通るか，南側を進むかの二つの選択肢があり，ともに3日間の行程を要した．

A国軍もこの輸送部隊に対して，北側から偵察するか南側から偵察するかの二つの選択肢があった．島の北側は降雨のため見通しが悪かったが，南側は晴天で視界がよ

---

[1] このゲームはもともと第二次世界大戦の日米海戦に関するヘイウッドの研究であるが，1950年代に出版されたルースとライファ (1957) の書籍にも紹介されている．また，日本においては松原 望 (参考文献 [26]) の書籍において日本側の資料からの情報も追加されて紹介されており，これらの書籍の内容をもとに解説している．

116 第 5 章 線形計画法（応用例）

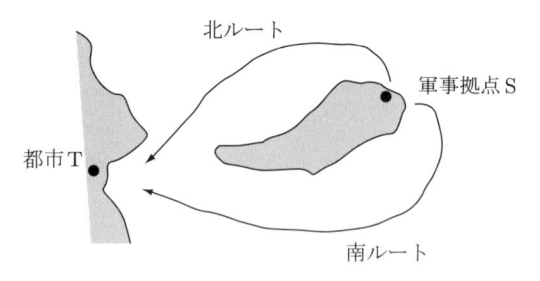

図 5.3 軍事拠点 S から都市 T へのルート

かった．このとき，A 国軍は爆撃量を次のように評価していた．両者が北ルートをとると，視界がよくないので A 国軍偵察機は B 国軍の輸送部隊を 1 日目には発見できず 2 日目に発見し，その結果，A 国軍は 2 日間の爆撃が可能であると判断していた．両者が南ルートを選べば，B 国軍の輸送部隊を初日に発見し，A 国軍は 3 日間の爆撃が可能であると推測していた．B 国軍が北ルートで，A 国軍が南ルートの場合，B 国軍を 3 日目に発見し，1 日間の爆撃，逆に B 国軍が南ルートで，A 国軍が北ルートの場合，B 国軍を 2 日目に発見し，2 日間の爆撃が可能であると評価していた．このように，A 国軍によって見積もられた爆撃量は，表 5.7 にまとめられる．

表 5.7　A 国軍による爆撃量

		プレイヤー 2（B 国軍）	
		北ルート	南ルート
プレイヤー 1（A 国軍）	北ルート	2	2
	南ルート	1	3

プレイヤー 1 を A 国軍とし，プレイヤー 2 を B 国軍とすれば，表 5.7 の行列は 2 人ゼロ和ゲームの利得表と解釈できる．たとえば，プレイヤー 1（A 国軍），プレイヤー 2（B 国軍）ともに北ルートを選べば，プレイヤー 1 が利得 2 を得て，プレイヤー 2 は同じ額だけ損失する．

このような 2 人ゼロ和ゲームでは，プレイヤーはどのように戦略を選択すべきであろうか．仮に A 国軍がもっとも大きい利得を追求すれば，表 5.7 に示した軍事作戦の 2 人ゼロ和ゲームでは，A 国軍は利得 3 を期待して南ルートを選択する．しかし，このとき B 国軍が南ルートではなく，北ルートをとれば，最悪の利得 1 しか得られないので，この考えには説得力がない．代わりに，利得の和の大きい戦略をとればよいという考えに対しては，軍事作戦のゲームでは A 国軍にとって北ルートおよび南ルートのどちらの戦略の利得の和も 4 なので，両者が南ルートをとりあうときの利得を 3 から 4 に変更して考えてみる．このとき，A 国軍にとって利得の和の大きい戦略は南ルー

トであり，もっとも大きい利得を追求する場合と同様に，B国軍が北ルートをとれば，最悪の利得1しか得られないので，この考えも説得力がない．

2人ゼロ和ゲームでは，完全に利害が対立するので，相手がどのような行動をとったとしても保障されるもっとも大きい利得水準をもたらす戦略を選択すべきである．すなわち，おのおのの戦略に対して最悪の結果を調べ，そのなかでもっとも好ましい結果を与える戦略を選択すべきである．この考えに基づいて，軍事作戦の2人ゼロ和ゲームについて考えなおしてみる．

表5.8に示すように，A国軍にとって北ルートおよび南ルートでの最悪の結果（より小さい利得）は，それぞれ利得2と1であり，右端に四角形で囲んだ数字で示している．

表 5.8 保障水準の最大化

B国軍＼A国軍	北ルート	南ルート	最悪（最小値）
北ルート	2	2	2
南ルート	1	3	1
最悪（最大値）	2	3	

そのなかで，もっとも望ましい結果（より大きい利得）は太字で示した利得2である．B国軍に関しても同様に，一番下の行に各戦略に対する最悪の結果（より大きい利得）を楕円で囲んだ数字で示しており，そのなかでもっとも望ましい結果（より小さい利得）は太字で示した利得2である．このような推論に基づくと，A国軍は北ルートをとり，B国軍も北ルートをとり，二重線で囲んだ結果が予測され，A国軍は利得2を得て，B国軍は利得2を支払うことになる．実際の経過としても，A国軍およびB国軍ともに北ルートをとったことが知られている．

このような戦略の選択は，**保障水準の最大化**あるいは**マキシミン（maximin）基準**とよばれる．一方，B国軍の観点からは，損失を最小化したいので，**ミニマックス（minimax）基準**とよばれる．軍事作戦の2人ゼロ和ゲームでは，A国軍の保証水準は2であり，B国軍の保証水準も2であり，これらの値が等しいことに注意すること．A国軍が北ルートをとるとしたとき，B国軍が北ルートから南ルートに戦略を変更しても損失は変わらない．また，B国軍が北ルートをとると仮定したとき，A国軍が北ルートから南ルートに戦略を変更すれば，利得が減少するのでそのように戦略を変更する動機をもたない．この意味で，A国軍の北ルートとB国軍の北ルートの戦略の組は安定であり，**均衡**とよばれる．

さて，このマキシミン基準に従えば，どのようなゲームでももっともらしい結果が予測できるのだろうか．たとえば，コイン合わせゲームを考えると，最悪の結果がどちらの戦略でも同じなので，プレイヤー1もプレイヤー2もまったく戦略を特定できない．より理解しやすい例として，表5.9に示すゲームを考えてみる．

表5.9 鞍点のないゲーム

(a)

		プレイヤー2	
		L	R
プレイヤー1	U	-4	5
	D	2	-5

⇒

(b)

	L	R	最小値
U	-4	5	-4
D	2	-5	-5
最大値	2	5	

マキシミン基準およびミニマックス基準に従えば，表5.9のゲームでは，プレイヤー1およびプレイヤー2の戦略の組は(U, L)となる．このゲームでのプレイヤー1の保証水準は-4であり，プレイヤー2の保証水準は2であり，これらの値は異なっていることに注意すること．戦略の組(U, L)の安定性について考える．プレイヤー2がLをとると仮定したとき，プレイヤー1はDに戦略を変更することによって，-4から2へ利得を増加させることができる．プレイヤー1がDに戦略を変更すると，戦略の組は(D, L)となるが，このとき，プレイヤー2はRに戦略を変更することにより，2の損失から-5の損失へ，つまり，正の利得5を獲得できる．このように，このゲームではどの戦略の組も安定ではない．

ここでとりあげた二つのゲームの違いは，プレイヤー1の最大の保障水準とプレイヤー2の最小の保障水準に差異があることである．表5.7の軍事作戦の2人ゼロ和ゲームでは，プレイヤー1の最大の保障水準とプレイヤー2の最小の保障水準は同じで，表5.9の2人ゼロ和ゲームでは，プレイヤー1の最大の保障水準とプレイヤー2の最小の保障水準が異なる．

より一般的に表現するために，プレイヤー1の戦略の数をm個とし，プレイヤー2の戦略の数をn個とする．プレイヤー1が戦略iをとり，プレイヤー2が戦略jをとったとき，プレイヤー1が利得a_{ij}を得て，プレイヤー2がa_{ij}を支払う2人ゼロ和ゲームは，次の$m \times n$行列Aで表される．

$$A = \begin{bmatrix} a_{11} & \cdots & a_{1n} \\ \vdots & \ddots & \vdots \\ a_{m1} & \cdots & a_{mn} \end{bmatrix} \tag{5.4}$$

式 (5.4) の利得行列で表されたゲームにおいて，プレイヤー 1 の最大の保障水準は，

$$\max_{i=1,\cdots,m} \min_{j=1,\cdots,n} a_{ij} \tag{5.5}$$

となる．ここで，$\min_{j=1,\cdots,n} a_{ij}$ は行列 A の第 i 行の $a_{i1},\cdots,a_{in}$ のなかでの最小値を表している．$\bar{a}_i = \min_{j=1,\cdots,n} a_{ij}$ とおけば，

$$\max_{i=1,\cdots,m} \min_{j=1,\cdots,n} a_{ij} = \max_{i=1,\cdots,m} \bar{a}_i$$

となり，これは $\bar{a}_1,\cdots,\bar{a}_n$ のなかでの最大値を表す．したがって，式 (5.5) は行列 A の各行のなかの最小値のなかでの最大値を表している．プレイヤー 2 に関しては，同様に，

$$\min_{j=1,\cdots,n} \max_{i=1,\cdots,m} a_{ij} \tag{5.6}$$

となる．プレイヤー 1 の最大の保障水準とプレイヤー 2 の最小の保障水準が等しいとき，すなわち，

$$\max_{i=1,\cdots,m} \min_{j=1,\cdots,n} a_{ij} = \min_{j=1,\cdots,n} \max_{i=1,\cdots,m} a_{ij} \tag{5.7}$$

が成立するとき，ゲームの解となる均衡が存在し，行の最小値のなかで最大となる戦略の組 (h, k) を**鞍点**とよぶ．表 5.7 で表した軍事作戦の 2 人ゼロ和ゲームでは，戦略の組 (北ルート，北ルート) が鞍点である．

再び，表 5.6 に示したコイン合わせゲームを考えてみる．このゲームには鞍点がないので，ゲームの結果の予測は困難である．しかし，このようなゲームやじゃんけんに対しては，人々は一般にランダムに戦略を選択している．たとえば，コイン合わせゲームでは，表を確率 1/2 でとり，裏も確率 1/2 でとる戦略は有効である．このように，確率的に戦略をとる場合，プレイヤーは**混合戦略**をとるという．これに対して，これまで考えてきた戦略は**純粋戦略**とよばれる．

コイン合わせゲームにおいて，表を確率 1/2 でとり，裏も確率 1/2 でとる混合戦略は (0.5, 0.5) のように表すことができる．たとえば，コイン合わせゲームにおいて，プレイヤー 1 が混合戦略 (0.7, 0.3) をとり，プレイヤー 2 が混合戦略 (0.6, 0.4) をとったときのゲームの結果はどうなるのであろうか．

プレイヤー 1 の利得について考えてみる．戦略の組 (表, 表) が生じる確率は 0.7×0.6 であり，そのときの利得は 1 である．同様に，(表, 裏) は確率 0.7×0.4 で利得は -1，(裏, 表) は確率 0.3×0.6 で利得は -1，(裏, 裏) は確率 0.3×0.4 で利得は 1 である．このとき利得の期待値，すなわち，**期待利得**は，

$$0.7 \times 0.6 \times 1 + 0.7 \times 0.4 \times (-1) + 0.3 \times 0.6 \times (-1) + 0.3 \times 0.4 \times 1 = 0.08$$

となる．コイン合わせゲームにおいて，プレイヤー 1 の混合戦略を $\boldsymbol{x} = (x_1, x_2)$ と

し，プレイヤー2の混合戦略を $\boldsymbol{y} = (y_1, y_2)$ とすると，期待利得は，

$$x_1 y_1 - x_1 y_2 - x_2 y_1 + x_2 y_2$$

となる．混合戦略まで考慮した場合，プレイヤー1がマキシミン基準に従うときの期待利得は，

$$\max_{\boldsymbol{x} \in X} \min_{\boldsymbol{y} \in Y} (x_1 y_1 - x_1 y_2 - x_2 y_1 + x_2 y_2)$$

であり，同様にプレイヤー2に対しては，

$$\min_{\boldsymbol{y} \in Y} \max_{\boldsymbol{x} \in X} (x_1 y_1 - x_1 y_2 - x_2 y_1 + x_2 y_2)$$

となる．ここで，X と Y はプレイヤー1とプレイヤー2の混合戦略全体の集合である．プレイヤー1の混合戦略 $\boldsymbol{x} = (x_1, x_2)$ は純粋戦略の集合上の確率分布であるので，各要素は非負ですべての要素を合計すれば1となる．したがって，プレイヤー1の混合戦略全体の集合 X は，次のように表される．

$$X = \{\boldsymbol{x} = (x_1, x_2) \mid x_1 \geqq 0,\ x_2 \geqq 0,\ x_1 + x_2 = 1\}$$

同様に，プレイヤー2の混合戦略全体の集合 Y は，次のように表される．

$$Y = \{\boldsymbol{y} = (y_1, y_2) \mid y_1 \geqq 0,\ y_2 \geqq 0,\ y_1 + y_2 = 1\}$$

純粋戦略だけを考慮した場合のように，プレイヤー1のある混合戦略 $\boldsymbol{x} \in X$ に対して，プレイヤー2が任意の混合戦略 $\boldsymbol{y} \in Y$ をとることが可能であるとしたときのプレイヤー1の最悪の期待利得を保障水準と考える．任意の混合戦略 $\boldsymbol{x} \in X$ に対するプレイヤー1の保障水準 $u(\boldsymbol{x})$ は，次のように計算できる．

$$\begin{aligned}
u(\boldsymbol{x}) &= \min_{\boldsymbol{y} \in Y} (x_1 y_1 - x_1 y_2 - x_2 y_1 + x_2 y_2) \\
&= \min_{\boldsymbol{y} \in Y} \{(x_1 - x_2) y_1 + (-x_1 + x_2) y_2\} \\
&= \min\{(x_1 - x_2), (-x_1 + x_2)\} = \min\{(2x_1 - 1), (-2x_1 + 1)\}
\end{aligned}$$

ここで，

$$u^1 = 2x_1 - 1, \quad u^2 = -2x_1 + 1$$

とおくと，$u(\boldsymbol{x})$ は，$u^1 = 2x_1 - 1$ と $u^2 = -2x_1 + 1$ の小さいほうの値を意味するので，図5.4(a)に太線で示したように，保障水準 $u(\boldsymbol{x})$ は任意の $\boldsymbol{x}$ に対して，直線 $u^1 = 2x_1 - 1$ と直線 $u^2 = -2x_1 + 1$ の小さいほうの値をとる．

図5.4より，保障水準の最大化は，

$$\boldsymbol{x} = (x_1, x_2) = (0.5, 0.5)$$

のとき達成され，期待利得は0となる．

(a) プレイヤー1の保障水準 $u(\boldsymbol{x})$ (b) プレイヤー2の保障水準 $v(\boldsymbol{y})$

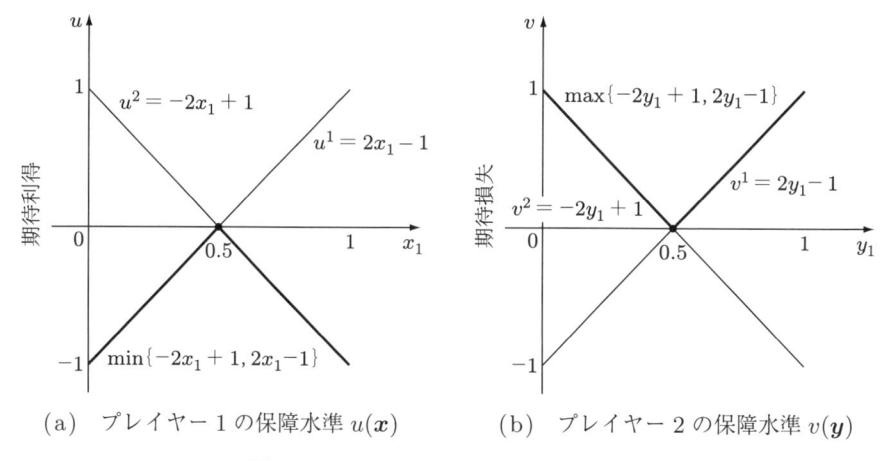

図 5.4　コイン合わせゲームの期待利得

同様にプレイヤー2に関しても，任意の混合戦略 $\boldsymbol{y} \in Y$ に対するプレイヤー2の保障水準 $v(\boldsymbol{y})$ は，

$$v(\boldsymbol{y}) = \max_{\boldsymbol{x} \in X}(x_1 y_1 - x_1 y_2 - x_2 y_1 + x_2 y_2)$$
$$= \max_{\boldsymbol{x} \in X}\{(y_1 - y_2)x_1 + (-y_1 + y_2)x_2\}$$
$$= \max\{(y_1 - y_2), (-y_1 + y_2)\} = \max\{(2y_1 - 1), (-2y_1 + 1)\}$$

となり，保障水準 $v(\boldsymbol{y})$ は任意の $\boldsymbol{y}$ に対して，直線 $v^1 = 2y_1 - 1$ と直線 $v^2 = -2y_1 + 1$ の大きいほうの値をとる．図 5.4(b) より，保障水準 $v(\boldsymbol{y})$ の最小化は，

$$\boldsymbol{y} = (y_1, y_2) = (0.5, 0.5)$$

のとき達成され，期待利得は 0 となる．したがって，

$$\max_{\boldsymbol{x} \in X} \min_{\boldsymbol{y} \in Y}(x_1 y_1 - x_1 y_2 - x_2 y_1 + x_2 y_2)$$
$$= \min_{\boldsymbol{y} \in Y} \max_{\boldsymbol{x} \in X}(x_1 y_1 - x_1 y_2 - x_2 y_1 + x_2 y_2)$$

が成立しており，混合戦略まで考慮すれば，プレイヤー1およびプレイヤー2がマキシミン基準およびミニマックス基準に従うことによって，安定な均衡

$$(\boldsymbol{x}, \boldsymbol{y}) = ((0.5, 0.5), (0.5, 0.5))$$

が達成される．

このように図を用いることによって，コイン合わせゲームではマキシミン戦略やミニマックス戦略を得ることができたが，より一般的な $m \times n$ 行列 (5.4) で表されたゲームに対しては，線形計画法を用いることによってこれらの解が得られる．

$m \times n$ 行列 (5.4) で表されたゲームでは，プレイヤー 1 の混合戦略は，

$$\bm{x} = (x_1, \cdots, x_m)$$

で表され，このベクトルは確率分布を表すので，各要素は非負であり，総和が 1 となる．したがって，プレイヤー 1 の混合戦略の集合は，

$$X = \left\{ \bm{x} = (x_1, \cdots, x_m) \,\middle|\, x_i \geqq 0,\ i = 1, \cdots, m, \sum_{i=1}^{m} x_i = 1 \right\} \quad (5.8)$$

である．同様に，プレイヤー 2 の混合戦略を $\bm{y} = (y_1, \cdots, y_n)$ とすると，プレイヤー 2 の混合戦略の集合は，

$$Y = \left\{ \bm{y} = (y_1, \cdots, y_n) \,\middle|\, y_j \geqq 0,\ j = 1, \cdots, n, \sum_{j=1}^{n} y_j = 1 \right\} \quad (5.9)$$

である．

プレイヤー 1 が混合戦略 $\bm{x} = (x_1, \cdots, x_m)$ をとり，プレイヤー 2 が混合戦略 $\bm{y} = (y_1, \cdots, y_n)$ をとったとき，プレイヤー 1 の期待利得は，次のように表すことができる．

$$a_{11} x_1 y_1 + \cdots + a_{mn} x_m y_n = \sum_{i=1}^{m} \sum_{j=1}^{n} a_{ij} x_i y_j \quad (5.10)$$

プレイヤー 1 にとってのマクシミン戦略，すなわち保障水準の最大化は，コイン合わせゲームの場合と同様に考えれば，

$$\max_{\bm{x} \in X} \min_{\bm{y} \in Y} \sum_{i=1}^{m} \sum_{j=1}^{n} a_{ij} x_i y_j \quad (5.11)$$

となる．ここで，

$$\sum_{i=1}^{m} \sum_{j=1}^{n} a_{ij} x_i y_j$$

は，$j = 1, \cdots, n$ に対して，

$$\sum_{i=1}^{m} a_{ij} x_i$$

に重み y_j をかけて和をとったものなので，$\bm{y} \in Y$ に対する

$$\sum_{i=1}^{m} \sum_{j=1}^{n} a_{ij} x_i y_j$$

の最小値は $\sum_{i=1}^{m} a_{ij}x_i,\ j=1,\cdots,n$ のなかでもっとも小さい

$$\min\left\{\sum_{i=1}^{m} a_{i1}x_i,\ \cdots,\ \sum_{i=1}^{m} a_{in}x_i\right\}$$

の値になる．したがって，

$$\max_{\boldsymbol{x}\in X}\min_{\boldsymbol{y}\in Y}\sum_{i=1}^{m}\sum_{j=1}^{n} a_{ij}x_i y_j = \max_{\boldsymbol{x}\in X}\min_{j=1,\cdots,n}\sum_{i=1}^{m} a_{ij}x_i \tag{5.12}$$

と書ける．さらに，

$$\lambda = \min_{j=1,\cdots,n}\sum_{i=1}^{m}\sum_{j=1}^{n} a_{ij}x_i$$

とおけば，マクシミン問題 (5.11) は，条件

$$a_{11}x_1 + \cdots + a_{m1}x_m \geqq \lambda$$
$$\vdots$$
$$a_{1n}x_1 + \cdots + a_{mn}x_m \geqq \lambda$$

のもとで，λ を最大化することと等価であり，次の線形計画問題として表される．

線形計画問題 5.3（マクシミン問題）

$$\begin{aligned}
\text{maximize} \quad & \lambda & (5.13\text{a})\\
\text{subject to} \quad & a_{11}x_1 + \cdots + a_{m1}x_m \geqq \lambda & (5.13\text{b})\\
& \quad\quad\quad\vdots & \\
& a_{1n}x_1 + \cdots + a_{mn}x_m \geqq \lambda & (5.13\text{c})\\
& x_1 + \cdots + x_m = 1 & (5.13\text{d})\\
& x_i \geqq 0,\quad i=1,\cdots,m & (5.13\text{e})
\end{aligned}$$

同様に，プレイヤー 2 にとってのミニマックス戦略，すなわち保障水準の最小化は，

$$\min_{\boldsymbol{y}\in Y}\max_{\boldsymbol{x}\in X}\sum_{i=1}^{m}\sum_{j=1}^{n} a_{ij}x_i y_j = \min_{\boldsymbol{y}\in Y}\max_{i=1,\cdots,m}\sum_{j=1}^{n} a_{ij}y_j \tag{5.14}$$

となる．したがって，式 (5.14) は，次の線形計画問題と等価となる．

線形計画問題 5.4（ミニマックス問題）

$$\text{minimize} \quad \sigma \tag{5.15a}$$
$$\text{subject to} \quad a_{11}y_1 + \cdots + a_{1n}y_n \leqq \sigma \tag{5.15b}$$
$$\vdots$$
$$a_{m1}y_1 + \cdots + a_{mn}x_n \leqq \sigma \tag{5.15c}$$
$$y_1 + \cdots + y_n = 1 \tag{5.15d}$$
$$y_j \geqq 0, \quad j = 1, \cdots, n \tag{5.15e}$$

線形計画問題 5.3（マクシミン問題）と線形計画問題 5.4（ミニマックス問題）を用いて，ゲームのマクシミン解とミニマックス解を計算してみる．例として表 5.10 に示す 3×3 行列で表される 2 人ゼロ和ゲームを考える．このゲームは，表 5.9 に示したゲームのように純粋戦略の範囲では鞍点のないゲームであるので，混合戦略を考慮してマクシミン戦略を考えてみる．

表 5.10　3×3 行列ゲーム

		プレイヤー 2		
		戦略 1	戦略 2	戦略 3
プレイヤー 1	戦略 1	4	1	6
	戦略 2	2	5	3
	戦略 3	4	5	2

このゲームに対して，プレイヤー 1 のマクシミン解を得るための線形計画問題 5.3（マクシミン問題）は，次のように定式化できる．

$$\text{maximize} \quad \lambda$$
$$\text{subject to} \quad 4x_1 + 2x_2 + 4x_3 \geqq \lambda$$
$$x_1 + 5x_2 + 5x_3 \geqq \lambda$$
$$6x_1 + 3x_2 + 2x_3 \geqq \lambda$$
$$x_1 + x_2 + x_3 = 1$$
$$x_1 \geqq 0, \quad x_2 \geqq 0, \quad x_3 \geqq 0$$

この線形計画問題の最適解は，第 3 章で示した Excel のソルバーを用いて解くと，

$$x_1 = 0.35, \quad x_2 = 0.2, \quad x_3 = 0.45, \quad \lambda = 3.6$$

となる．

同様に，プレイヤー 2 のミニマックス解を得るための線形計画問題 5.4（ミニマック

ス問題) は，次のように定式化できる．

$$
\begin{align}
&\text{minimize} \quad \sigma \\
&\text{subject to} \quad 4y_1 + y_2 + 6y_3 \leqq \sigma \\
&\qquad\qquad\quad 2y_1 + 5y_2 + 3y_3 \leqq \sigma \\
&\qquad\qquad\quad 4y_1 + 5y_2 + 2y_3 \leqq \sigma \\
&\qquad\qquad\quad y_1 + y_2 + y_3 = 1 \\
&\qquad\qquad\quad y_1 \geqq 0, \quad y_2 \geqq 0, \quad y_3 \geqq 0
\end{align}
$$

この線形計画問題の最適解は，

$$y_1 = 0.2, \quad y_2 = 0.4, \quad y_3 = 0.4, \quad \sigma = 3.6$$

となる．

これまで述べてきた結果から，表 5.10 に示した 2 人ゼロ和ゲームに対して，プレイヤー 1 の保障水準の最大化はマクシミン戦略 (0.35, 0.2, 0.45) で達成され，プレイヤー 2 の保障水準の最小化はミニマックス戦略 (0.2, 0.4, 0.4) で達成される．また，このときプレイヤー 1 の期待利得およびプレイヤー 2 の期待損失はともに 3.6 となる．

表 5.10 に示した 2 人ゼロ和ゲームにおいて，プレイヤー 1 が混合戦略 $\boldsymbol{x}$ をとり，プレイヤー 2 が混合戦略 $\boldsymbol{y}$ をとるとき，プレイヤー 1 の期待利得は，

$$
\begin{aligned}
f(\boldsymbol{x}, \boldsymbol{y}) = {}& 4x_1y_1 + x_1y_2 + 6x_1y_3 + 2x_2y_1 + 5x_2y_2 + 3x_2y_3 \\
& + 4x_3y_1 + 5x_3y_2 + 2x_3y_3
\end{aligned}
$$

となる．さらに，X と Y を式 (5.8) において $m = 3$，式 (5.9) において $n = 3$ とおいた三つの純粋戦略上の確率分布であるプレイヤー 1 とプレイヤー 2 の混合戦略の集合とする．このとき，

$$\max_{\boldsymbol{x} \in X} \min_{\boldsymbol{y} \in Y} f(\boldsymbol{x}, \boldsymbol{y}) = \min_{\boldsymbol{y} \in Y} \max_{\boldsymbol{x} \in X} f(\boldsymbol{x}, \boldsymbol{y})$$

が成立しており，混合戦略まで考慮すれば，表 5.10 に示した 2 人ゼロ和ゲームにおいても，プレイヤー 1 およびプレイヤー 2 がマキシミン基準およびミニマックス基準に従うことによって，安定な均衡が達成される．

演習問題 [5]

5.1 食品店 D は 2 種類の生鮮食料品を中央卸売市場で仕入れている．食品店 D が仕入れる中央卸売市場は 2 都市にあり，各卸売市場で購入された食品は東京にある食品店 D へトラックで輸送される．

食品 1 および食品 2 の仕入数量を x_1, x_2 とし，都市 1 の中央卸売市場での食品 1 およ

び食品 2 の購入量を y_{11}, y_{12} とし，都市 2 の中央卸売市場での食品 1 および食品 2 の購入量を y_{21}, y_{22} とする．食品 1 の販売価格は 90 円，食品 2 の販売価格は 111 円，都市 1 の中央卸売市場での食品 1 および食品 2 の購入価格はそれぞれ 55, 57 円，都市 2 の中央卸売市場での食品 1 および食品 2 の購入価格はそれぞれ 78, 87 円とする．都市 1 からの食品 1 および食品 2 の輸送費用は 12.5, 8.0 円とし，都市 2 からの食品 1 および食品 2 の輸送費用はそれぞれ 2.8, 1.8 円とする．食品店 D は販売収入から仕入費用と輸送費用を差し引いた純利益を最大化したい．このとき，食品店 D の目的関数を求めなさい．

5.2 問題 5.1 において，食品 1 の仕入数量 x_1 に関して，これまでの需要データと食品店 D 自身の経営判断から設定された下限値 4000 と上限値 5000 があり，食品 2 の仕入数量 x_2 に関しても，同様に下限値 4000 と上限値 5000 がある．これらの制約式を求めなさい．

5.3 問題 5.1 において，食品 1 は 2 都市の中央卸売市場で購入されるが，その合計が食品 1 の仕入数量 x_1 より大きいか，あるいは等しい必要がある．食品 2 についても同様である．これらの仕入れに関する制約式を求めなさい．

5.4 問題 5.1 において，各都市の中央卸売市場での財政的な制約がある．都市 1 および都市 2 における予算の上限をそれぞれ 2,000,000 円，1,500,000 円としたときの財政制約を求めなさい．

5.5 四つの産業間の販売と購入の取引関係を表す産業連関表を次に示す．

表 5.11 産業連関表

	農業	工業	サービス	その他	最終需要	国内生産額
農業	150	1100	300	400	600	2550
工業	240	2100	300	450	4800	7890
サービス	340	1100	200	650	900	3190
その他	350	600	150	450	3600	5150
労働者家計	600	1200	750	850		
付加価値	870	1790	1490	2350		
国内生産額	2550	7890	3190	5150		

表 5.11 のデータから，投入係数を計算しなさい．この投入係数を用いて，線形計画問題 5.2（産業連関分析）を定式化し，最適解を示しなさい．さらに，サービス業の最終需要が 900 から 1000 に変化したとする．このとき，産業構造を表す投入係数が不変であると仮定したときの各産業の産出額がいかに変化するかを調べなさい．

5.6 次の利得表で表される 2 人ゼロ和ゲームにおけるプレイヤー 1 のマクシミン解とそのときの期待利得を求めなさい．

表 5.12 利得表

		プレイヤー 2		
		戦略 1	戦略 2	戦略 3
プレイヤー 1	戦略 1	4	2	5
	戦略 2	2	4	3
	戦略 3	4	5	1

第6章　非線形計画問題の最適化

本章では，最初に制約のある1変数関数の最小化問題をとりあげる．数値例により，問題の最適解の性質を考察したあと，最適性の条件を一般化する．さらに，1変数関数での結果を拡張し，2変数関数の最適性の条件を明らかにする．また，非線形計画問題の最適解を計算するためのもっとも基礎的な手法である降下法を紹介する．1変数の二次関数と2変数の二次関数を例として，降下法を用いた計算過程を図表を示しながら解説する．

■6.1　1変数関数の最適性の条件

本節では，1変数の二次関数をとりあげ，最適性の条件について考えてみる．たとえば，

$$y = x^2 - 2x$$

のような二次関数は，x の値の絶対値が大きくなれば，y の値も大きくなる．$x=1$ のとき，y の値がもっとも小さくなり -1 となる．関数 $y = x^2 - 2x$ の増減の様子を表6.1 に示しているが，表からわかるようにこの関数は最小値をもつ．

表 6.1　関数 $y = x^2 - 2x$ の増減

x	$-\infty$	$\cdots$	1	$\cdots$	$+\infty$
y'		$-$	0	$+$	
y		↘	-1	↗	

数理計画法では，この最小値を与える解を最適解というが，この最適性の条件が $y'=0$ となっていることが表6.1 と図6.1 から理解できる．

第3章や第4章で示したように，現実の意思決定問題を数理計画問題に定式化すると，ほとんどの場合，資源などの制約により，決定変数の変域が制限される．関数 $y = x^2 - 2x$ の最小化問題に対して，決定変数 x の変域に制限を加えた制約のある問題について考える．目的関数 $f(x)$ を，

$$f(x) = x^2 - 2x$$

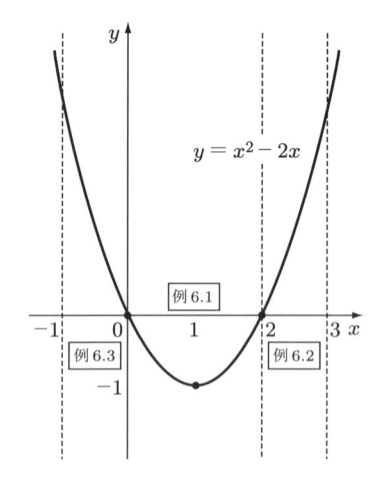

図 6.1 関数 $y = x^2 - 2x$ の最小値

とし，制約条件が異なる次の三つの非線形計画問題を定式化する．

● 例 6.1 ●

決定変数 x の変域が $0 \leqq x \leqq 2$ の場合，制約のある非線形計画問題は次のように表される．

$$
\begin{aligned}
\text{minimize} \quad & f(x) = x^2 - 2x \\
\text{subject to} \quad & g_1(x) = -x \leqq 0 \\
& g_2(x) = x - 2 \leqq 0
\end{aligned}
$$

● 例 6.2 ●

$2 \leqq x \leqq 3$ の場合，問題は次のように表される．

$$
\begin{aligned}
\text{minimize} \quad & f(x) = x^2 - 2x \\
\text{subject to} \quad & g_1(x) = -x + 2 \leqq 0 \\
& g_2(x) = x - 3 \leqq 0
\end{aligned}
$$

● 例 6.3 ●
$-1 \leqq x \leqq 0$ の場合，問題は次のように表される．

$$
\begin{aligned}
\text{minimize} \quad & f(x) = x^2 - 2x \\
\text{subject to} \quad & g_1(x) = -x - 1 \leqq 0 \\
& g_2(x) = x \leqq 0
\end{aligned}
$$

例 6.1 の場合は，表 6.1 に示すように，$x = 1$ のとき，最小値 $f(1) = -1$ をとる．例 6.1 での最適解 $x^* = 1$ では，関数 $f(x)$ の微分係数 $f'(x^*)$ は，

$$f'(x^*) = f'(1) = 0$$

となっている．$x < 1$ の範囲では $f'(x)$ は負で，$x > 1$ では $f'(x)$ は正となる．したがって，$x < 1$ の範囲では x の増加に関して $f(x)$ は減少し，$f'(x) = 0$ を満たす $x = 1$ で最小値 $f = -1$ をとり，さらに $x > 1$ の範囲では，x が増加していくと，$f(x)$ も増加していく．このことから，解 x で関数 $f(x)$ が最小値をとる，すなわち x が最適解であるための条件は $f'(x) = 0$ であることがわかる．

例 6.2 の場合は，表 6.1 からわかるように，$2 \leqq x \leqq 3$ の範囲では，$f'(x) > 0$ を満たしており，x が増加していくと，$f(x)$ も増加する．したがって，区間 $2 \leqq x \leqq 3$ での x の最小値である $x = 2$ のとき，目的関数 $f(x)$ は最小値 0 をとる．図 6.2 は図 6.1 の $2 \leqq x \leqq 3$ の範囲を拡大した図である．

図 6.2(a) に示したように，$x = 2$ のときの目的関数 $f(x)$ の減少方向は x の減少方向（図 6.2(a) の黒い矢印）である．実行可能領域は $2 \leqq x \leqq 3$ なので，$x = 2$ において制約を満たす方向，すなわち，実行可能方向は x の増加方向（白い矢印）しかない．

一方，$x \neq 2$ となる x では，たとえば，図 6.2(b) に示した $x = 2.5$ の場合には，目

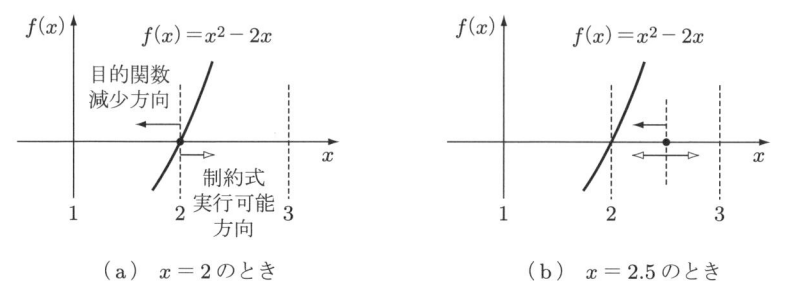

（a）$x = 2$ のとき

（b）$x = 2.5$ のとき

図 6.2　最適解の性質（例 6.2）

的関数の減少方向は $x=2$ の場合と同様に x の減少方向（黒い矢印）であるが，x の増加方向（白い矢印）でも減少方向（白い矢印）でも制約式は満たされるので，x の減少方向へ向かえば，目的関数値を減少させることができる．つまり，$x \neq 2$ となる x では，目的関数の減少方向と同じ向きに実行可能方向があるので，さらに目的関数を減少させることができる．

このことから，ある点で目的関数の減少方向と制約に関する実行可能方向が同じ向きにならない場合，その点ではもはや目的関数値を減少させることはできない．したがって，ある解が最適解であるための条件は，「目的関数の減少方向と制約に関する実行可能方向が同じ向きにならないこと」である．

このことは，目的関数と制約式の微分（勾配）の釣り合い式で表すことができる．最適解 x^* に対して**勾配の釣り合い**は，

$$f'(x^*) + \lambda_1 g_1'(x^*) + \lambda_2 g_2'(x^*) = 0 \tag{6.1}$$

で表される．$x^* = 2$ での条件なので，等式では成立していない制約式

$$g_2(x) = x - 3 \leqq 0$$

に対応する定数 λ_2 を 0 とおく．すなわち，$\lambda_2 = 0$ とする．$f'(2) = 2$ であり，$g_1'(2) = -1$ なので，$\lambda_1 = 2$ とおけば，

$$f'(2) + \lambda_1 g_1'(2) = 2 + 2 \times (-1) = 0$$

を得る．この場合，$\lambda_2 = 0$, $\lambda_1 = 2$ のとき，$x^* = 2$ での勾配の釣り合い式 (6.1) は成立することがわかる．したがって，最適解であるための条件は，勾配の釣り合い式 (6.1) を満たす非負の定数 λ_1, λ_2 が存在することであるといえる．例 6.3 は例 6.2 と同様である．

次に，例 6.1 と例 6.2 および例 6.3 を統一的に扱える最適性の条件を考える．最適解 x^* が制約式の境界上にあるか，内部にあるかで条件が異なるので，定数 λ_1, λ_2 を導入する．すなわち，最適解 x^* が $g_1(x) \leqq 0$ の境界上ではなく内部にあれば，$\lambda_1 = 0$ とし，同様に最適解 x^* が $g_2(x) \leqq 0$ の境界上ではなく内部にあれば，$\lambda_2 = 0$ とする．

ここで，実行可能領域を一般的に $a \leqq x \leqq b$ と表し，

$$\lambda_1 g_1(x^*) = \lambda_1(-x^* + a) = 0 \tag{6.2a}$$

$$\lambda_2 g_2(x^*) = \lambda_2(x^* - b) = 0 \tag{6.2b}$$

の条件を追加する．このとき，最適解 x^* が制約式 $g_1(x) \leqq 0$ の境界上にあれば，$g_1(x^*) = 0$ なので，条件 (6.2a) は成立する．制約式 $g_1(x) \leqq 0$ の境界上になければ，$\lambda_1 = 0$ なので，やはり条件 (6.2a) は成立する．条件 (6.2b) の場合も同様である．し

たがって，x^* が最適解であるならば，次の最適性の条件（1 変数関数）(6.3) を満たす定数 λ_1，λ_2 が存在する．

最適性の条件（1 変数関数）

$$f'(x^*) + \lambda_1 g_1'(x^*) + \lambda_2 g_2'(x^*) = 0 \tag{6.3a}$$
$$\lambda_1 g_1(x^*) = \lambda_1(-x^* + a) = 0 \tag{6.3b}$$
$$\lambda_2 g_2(x^*) = \lambda_2(x^* - b) = 0 \tag{6.3c}$$
$$g_1(x^*) = -x^* + a \leqq 0,\ g_2(x^*) = x^* - b \leqq 0 \tag{6.3d}$$
$$\lambda_1 \geqq 0,\ \lambda_2 \geqq 0 \tag{6.3e}$$

それぞれの問題について最適性の条件（1 変数関数）(6.3) が成立しているかどうかを確認してみる．ただし，すべての問題で，

$$f'(x) = 2x - 2,\quad g_1'(x) = -1,\quad g_2'(x) = 1 \tag{6.4}$$

である．

● 例 6.1 解 ●

最適解は $x^* = 1$ である．条件 (6.3d) は，$x^* = 1$ が実行可能なので明らかに満たされる．最適解 $x^* = 1$ は制約式

$$g_1(x) = -x \leqq 0,\quad g_2(x) = x - 2 \leqq 0$$

の境界上にないので，

$$\lambda_1 = \lambda_2 = 0$$

とおく．さらに，$f'(1) = 0$ なので，

$$f'(1) + \lambda_1 g_1'(1) + \lambda_2 g_2'(1) = 0 + 0 \times (-1) + 0 \times 1 = 0$$

となり，条件 (6.3a) を満足している．また，$\lambda_1 = \lambda_2 = 0$ なので，条件 (6.3b)，(6.3c)，(6.3e) も成立する．したがって，例 6.1 の場合，$x^* = 1$ において，最適性の条件（1 変数関数）(6.3) を満たす定数 $\lambda_1 = \lambda_2 = 0$ が存在する．

● 例 6.2 解 ●

最適解は $x^* = 2$ である．条件 (6.3d) は，$x^* = 2$ が実行可能なので明らかに満たされる．最適解 $x^* = 2$ は制約式

$$g_2(x) = x - 3 \leqq 0$$

の境界上にないので，$\lambda_2 = 0$ とおく．さらに，$f'(2) = 2$ なので $\lambda_1 = 2$ のとき，条件 (6.3a) は，次のように満たされる．

$$f'(2) + \lambda_1 g_1'(2) + \lambda_2 g_2'(2) = 2 + \lambda_1 \times (-1) + 0 \times 1 = 0$$

また，

$$g_1(2) = -2 + 2 = 0$$

なので，条件 (6.3b) を満たし，$\lambda_2 = 0$ なので，条件 (6.3c) を満たす．$\lambda_1 = 2$ かつ $\lambda_2 = 0$ なので，(6.3e) も成立する．したがって，例 6.2 の場合，$x^* = 2$ において，最適性の条件（1変数関数）(6.3) を満たす定数 $\lambda_1 = 2$, $\lambda_2 = 0$ が存在する．

● 例 6.3 解 ●

最適解は $x^* = 0$ である．条件 (6.3d) は，$x^* = 0$ が実行可能なので明らかに満たされる．最適解 $x^* = 0$ は制約式

$$g_1(x) = -x - 1 \leqq 0$$

の境界上にないので，$\lambda_1 = 0$ とおく．さらに，$f'(0) = -2$ なので $\lambda_2 = 2$ のとき，条件 (6.3a) は次のように満たされる．

$$f'(0) + \lambda_1 g_1'(0) + \lambda_2 g_2'(0) = -2 + 0 \times (-1) + \lambda_2 \times 1 = 0$$

また，$\lambda_1 = 0$ なので，条件 (6.3b) を満たし，$g_2(0) = 0$ なので，条件 (6.3c) を満たす．$\lambda_1 = 0$ かつ $\lambda_2 = 2$ なので，(6.3e) も成立する．したがって，例 6.3 の場合，$x^* = 0$ において，最適性の条件（1変数関数）(6.3) を満たす定数 $\lambda_1 = 0$, $\lambda_2 = 2$ が存在する．

このようにすべての問題において，最適性の条件（1変数関数）(6.3) を満足しており，最適性の条件（1変数関数）(6.3) が最適性の条件を統一的に表現できていることがわかる．

6.2　2変数関数の最適性の条件

前節で説明した1変数関数の最小化についての条件を，本節では2変数関数の最小化に拡張する．第2章の例 2.4 の問題をとりあげて，最適性の条件を考える．

ただし，この例は最大化問題なので，目的関数に -1 をかけて最小化問題に変換する．変換された最小化問題では，実行可能領域の内部の点（内点）で最小化されるの

で，実行可能領域を少し変更して実行可能領域の境界で最小化される問題も考える．

● 例 6.4 ●

制約式のあるもとの最小化問題を，次のように定式化する．

$$
\begin{aligned}
\text{minimize} \quad & f(x_1, x_2) = 3x_1^2 - 18x_1 + 2x_2^2 - 8x_2 \\
\text{subject to} \quad & g_1(x) = 3x_1 + 12x_2 - 48 \leqq 0 \\
& g_2(x) = 9x_1 + 6x_2 - 54 \leqq 0 \\
& g_3(x) = -x_1 \leqq 0 \\
& g_4(x) = -x_2 \leqq 0
\end{aligned}
$$

● 例 6.5 ●

実行可能領域が縮小された最小化問題を，次のように定式化する．

$$
\begin{aligned}
\text{minimize} \quad & f(x_1, x_2) = 3x_1^2 - 18x_1 + 2x_2^2 - 8x_2 \\
\text{subject to} \quad & g_1(x) = 3x_1 + x_2 - 9 \leqq 0 \\
& g_2(x) = 3x_1 + 5x_2 - 15 \leqq 0 \\
& g_3(x) = -x_1 \leqq 0 \\
& g_4(x) = -x_2 \leqq 0
\end{aligned}
$$

例 6.4 および例 6.5 の最適解は，図 6.3(a), (b) のグラフに示したように，それぞれ，

$$(x_1^*, x_2^*) = (3, 2), \quad (x_1^*, x_2^*) = (2.5, 1.5)$$

である．1 変数の場合の最適性の条件と同じように，これらの最適解が同様な条件を満たすことを確認してみる．

第 2 章で示したように，2 変数の二次関数の最小値をみつけるには，関数の偏微分を用いるが，x_1 に関する偏微分と x_2 に関する偏微分を合わせてベクトル形式

$$\nabla f(x_1, x_2) = \left(\frac{\partial f(x_1, x_2)}{\partial x_1}, \frac{\partial f(x_1, x_2)}{\partial x_2} \right)$$

で表し，これを**勾配ベクトル**とよぶ．

例 6.4 では，図 6.3(a) からも明らかなように，最適解は，

$$(x_1^*, x_2^*) = (3, 2)$$

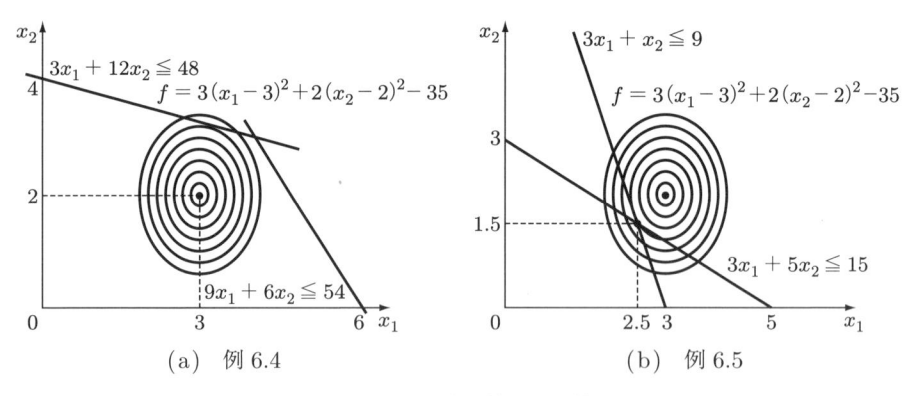

図 6.3 2変数関数の最小値

(a) 例 6.4

(b) 例 6.5

であり，最小値 $f(3, 2) = -35$ をとる．最適解 $(x_1^*, x_2^*) = (3, 2)$ では関数 $f(x_1, x_2)$ の勾配ベクトルは，

$$\nabla f(x_1, x_2) = (0, 0)$$

を満たしている．図 6.3(a) からわかるように，最適解 $(x_1^*, x_2^*) = (3, 2)$ 以外の点，すなわち，$(x_1, x_2) \neq (3, 2)$ となる (x_1, x_2) では，$f(x_1, x_2)$ を減少させる方向が必ず存在するので，最適解であるための条件は

$$\nabla f(x_1, x_2) = (0, 0)$$

であることは明らかである．

例 6.5 では，例 6.4 とは異なり，$\nabla f(x_1, x_2) = (0, 0)$ を満たすような目的関数

$$f(x_1, x_2) = 3x_1^2 - 18x_1 + 2x_2^2 - 8x_2$$

の最小値を与える解は実行可能領域のなかにはない．図 6.3(b) に示したように，制約式を満たしながら目的関数の最小値を与える解は

$$(x_1^*, x_2^*) = (2.5, 1.5)$$

となる．この最適解 $(2.5, 1.5)$ の特徴は，二つの制約式

$$g_1(x_1, x_2) = 3x_1 + x_2 - 9 \leqq 0, \quad g_2(x_1, x_2) = 3x_1 + 5x_2 - 15 \leqq 0$$

の境界上にあることである．また，目的関数

$$f(x_1, x_2) = 3x_1^2 - 18x_1 + 2x_2^2 - 8x_2$$

の勾配ベクトルは，

$$\nabla f(x_1, x_2) = (6x_1 - 18, \, 4x_2 - 8)$$

であり，解 (2.5, 1.5) での勾配ベクトルは，

$$\nabla f(2.5, 1.5) = (-3, -2)$$

である．勾配ベクトルの向きは局所的に関数のもっとも急な増加方向であるので，もっとも急な減少方向は (3, 2) である．したがって，目的関数を減少させる方向は，(3, 2) と鋭角をなす方向である．ここで，ベクトル (3, 2) と鋭角をなす方向は，図 6.4(b) の網掛けで示した方向である．

(a) $f(x_1, x_2)$ の曲面 (b) $f(x_1, x_2)$ の等高線

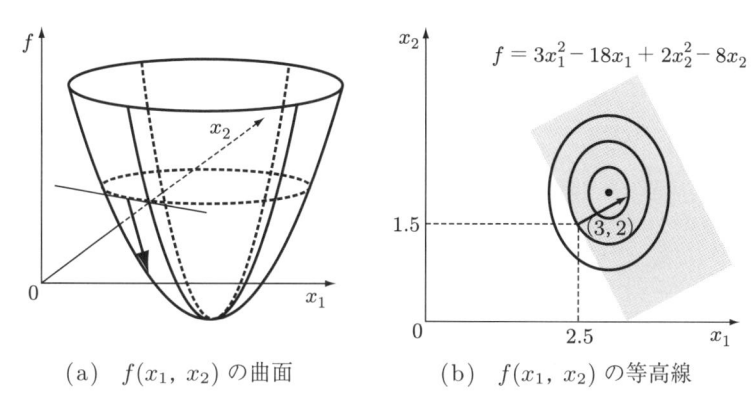

図 6.4 目的関数の減少方向

制約式に対しても，同様に勾配ベクトルを考えると，

$$\nabla g_1(x_1, x_2) = (3, 1), \quad \nabla g_2(x_1, x_2) = (3, 5)$$

であるので，点 (2.5, 1.5) における制約式 $g_1(x_1, x_2)$ に関する実行可能方向は，$(-3, -1)$ と鋭角をなす方向であり，制約式 $g_2(x_1, x_2)$ に関する実行可能方向は，$(-3, -5)$ と鋭角をなす方向である．両方の制約を同時に満たさなければならないので，結局，$(-3, -1)$ と $(-3, -5)$ の両方の方向と鋭角をなす方向が実行可能方向である．制約に関する実行可能方向は図 6.5 に示した点 (2.5, 1.5) から左下の網掛けの領域への方向である．

図 6.5 から明らかなように，実行可能であり同時に目的関数を減少させる方向はないので，解 (2.5, 1.5) よりも目的関数値をより小さくし，かつ，実行可能であるような解は存在しない．したがって，解 (2.5, 1.5) が最適解であることがわかる．

この条件は 1 変数の問題と同様に，勾配ベクトルの釣り合い式で表すことができる．解 (2.5, 1.5) において等式で成立する制約式は，

$$g_1(x_1, x_2) = 3x_1 + x_2 - 9 \leqq 0, \quad g_2(x_1, x_2) = 3x_1 + 5x_2 - 15 \leqq 0$$

なので，勾配ベクトルの釣り合い式は，

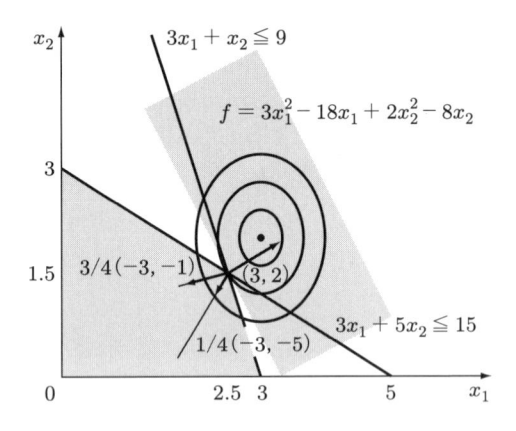

136 第 6 章　非線形計画問題の最適化

図 6.5　勾配ベクトルの釣り合い

$$\nabla f(x_1, x_2) + \lambda_1 \nabla g_1(x_1, x_2) + \lambda_2 \nabla g_2(x_1, x_2) = (0, 0) \tag{6.5}$$

と表せる．ここで，

$$\nabla f(2.5, 1.5) = (-3, -2)$$

なので，

$$\nabla f(2.5, 1.5) + \lambda_1 \nabla g_1(2.5, 1.5) + \lambda_2 \nabla g_2(2.5, 1.5)$$
$$= (-3, -2) + \lambda_1 (3, 1) + \lambda_2 (3, 5) = (0, 0)$$

より，

$$\lambda_1 = \frac{3}{4}, \quad \lambda_2 = \frac{1}{4}$$

のとき，式 (6.5) を満たす．

例 6.4 と例 6.5 を統一的に取り扱える条件を考えてみる．最適解 (x_1^*, x_2^*) が各制約式の境界上にあるか，内部にあるかで条件が異なるが，この場合分けを定数 λ_1, λ_2, λ_3, λ_4 で行う．つまり，最適解 (x_1^*, x_2^*) が，

$$g_1(x_1^*, x_2^*) \leqq 0$$

の境界上になければ，$\lambda_1 = 0$ とする．同様に，最適解 (x_1^*, x_2^*) が，

$$g_2(x_1^*, x_2^*) \leqq 0, \quad g_3(x_1^*, x_2^*) \leqq 0, \quad g_4(x_1^*, x_2^*) \leqq 0$$

のそれぞれの境界上になければ，

$$\lambda_2 = 0, \quad \lambda_3 = 0, \quad \lambda_4 = 0$$

とする．このようにして，条件

$$\lambda_i g_i(x_1^*, x_2^*) = 0, \quad i = 1, 2, 3, 4 \tag{6.6}$$

を追加する．このとき，最適解 (x_1^*, x_2^*) が制約式

$$g_i(x_1, x_2) \leqq 0$$

の境界上にあれば，

$$g_i(x_1^*, x_2^*) = 0$$

なので，条件 (6.6) は成立する．制約式

$$g_i(x_1, x_2) \leqq 0$$

の境界上になければ，$\lambda_i = 0$ なので，やはり条件 (6.6) は成立する．したがって，(x_1^*, x_2^*) が最適解ならば，次の最適性の条件を満たす定数 λ_1，λ_2，λ_3，λ_4 が存在する．

最適性の条件（2 変数関数）

$$\nabla f(x_1^*, x_2^*) + \sum_{i=1}^{4} \lambda_i \nabla g_i(x_1^*, x_2^*) = (0, 0) \tag{6.7a}$$

$$\lambda_i g_i(x_1^*, x_2^*) = 0, \quad i = 1, 2, 3, 4 \tag{6.7b}$$

$$g_i(x^*) \leqq 0, \quad i = 1, 2, 3, 4 \tag{6.7c}$$

$$\lambda_i \geqq 0, \quad i = 1, 2, 3, 4 \tag{6.7d}$$

それぞれの問題について最適性の条件（2 変数関数）(6.7) が成立しているかどうかを確認してみる．

● 例 6.4 解 ●

最適解は，

$$(x_1^*, x_2^*) = (3, 2)$$

であり，条件 (6.7c) は，$(x_1^*, x_2^*) = (3, 2)$ が実行可能なので明らかに満たされる．最適解 $(x_1^*, x_2^*) = (3, 2)$ は制約式

$$g_i(x) \leqq 0, \quad i = 1, 2, 3, 4$$

の境界上にないので，

$$\lambda_1 = \lambda_2 = \lambda_3 = \lambda_4 = 0$$

とおく．各勾配ベクトルは，

$$\nabla f(x_1, x_2) = (6x_1 - 18,\ 4x_2 - 8)$$
$$\nabla g_1(x_1, x_2) = (3, 12)$$
$$\nabla g_2(x_1, x_2) = (9, 6)$$
$$\nabla g_3(x_1, x_2) = (-1, 0)$$

$$\nabla g_4(x_1, x_2) = (0, -1)$$

である．条件 (6.7a) に関しては，

$$\nabla f(x_1^*, x_2^*) + \sum_{i=1}^{4} \lambda_i \nabla g_i(x_1^*, x_2^*)$$
$$= (0, 0) + 0 \cdot (3, 12) + 0 \cdot (9, 6) + 0 \cdot (-1, 0) + 0 \cdot (0, -1)$$
$$= (0, 0)$$

となり，条件 (6.7a) は満たされている．また，

$$\lambda_1 = \lambda_2 = \lambda_3 = \lambda_4 = 0$$

なので，条件 (6.7b)，(6.7d) も成立する．したがって，例 6.4 の場合，$(x_1^*, x_2^*) = (3, 2)$ において，最適性の条件（2変数関数）(6.7) を満たす定数

$$\lambda_1 = \lambda_2 = \lambda_3 = \lambda_4 = 0$$

が存在する．

● 例 6.5 解 ●

最適解は，

$$(x_1^*, x_2^*) = (2.5, 1.5)$$

であり，条件 (6.7c) は，$(x_1^*, x_2^*) = (2.5, 1.5)$ が実行可能なので明らかに満たされる．最適解 $(x_1^*, x_2^*) = (2.5, 1.5)$ は制約式

$$g_3(x_1, x_2) = -x_1 \leqq 0, \quad g_4(x_1, x_2) = -x_2 \leqq 0$$

の境界上にないので，

$$\lambda_3 = \lambda_4 = 0$$

とおく．各勾配ベクトルは，

$$\nabla f(x_1, x_2) = (6x_1 - 18, 4x_2 - 8)$$
$$\nabla g_1(x_1, x_2) = (3, 1)$$
$$\nabla g_2(x_1, x_2) = (3, 5)$$
$$\nabla g_3(x_1, x_2) = (-1, 0)$$
$$\nabla g_4(x_1, x_2) = (0, -1)$$

である．ここで，

$$\lambda_1 = \frac{3}{4}, \quad \lambda_2 = \frac{1}{4}$$

のとき，条件 (6.7a) は，

$$\nabla f(x_1^*, x_2^*) + \sum_{i=1}^{4} \lambda_i \nabla g_i(x_1^*, x_2^*)$$
$$= (-3, -2) + \lambda_1 \cdot (3, 1) + \lambda_2 \cdot (3, 5) + 0 \cdot (-1, 0) + 0 \cdot (0, -1)$$
$$= (0, 0)$$

となり，この条件は満たされる．また，
$$g_1(2.5, 1.5) = 3 \cdot 2.5 + 1.5 - 9 = 0$$
$$g_2(2.5, 1.5) = 3 \cdot 2.5 + 5 \cdot 1.5 - 15 = 0$$

であり，
$$\lambda_3 = \lambda_4 = 0$$

なので，条件 (6.7b) も満たす．
$$\lambda_1 = \frac{3}{4}, \quad \lambda_2 = \frac{1}{4}, \quad \lambda_3 = \lambda_4 = 0$$

なので，条件 (6.7d) も成立する．したがって，例 6.5 の場合，$(x_1^*, x_2^*) = (2.5, 1.5)$ において，最適性の条件（2 変数関数）(6.7) を満たす定数
$$\lambda_1 = \frac{3}{4}, \quad \lambda_2 = \frac{1}{4}, \quad \lambda_3 = 0, \quad \lambda_4 = 0$$

が存在する．

これらの二つの問題は，ともに最適性の条件（2 変数関数）(6.7) を満足しており，最適性の条件（2 変数関数）(6.7) が最適性の条件を統一的に表現できていることがわかる．

6.3 降下法

本節では，降下法を用いて 1 変数と 2 変数の二次関数の最適解を実際に計算する．**降下法**とは，ある初期解からはじめて，次々に目的関数を減少させていく点列を生成する手法である．

6.3.1 1 変数の二次関数

変数 x の関数 $f(x)$ を考えると，降下法で生成される点列
$$x^0, x^1, x^2, \cdots, x^i, x^{i+1}, \cdots$$
は，次のように目的関数値を減少させていく．
$$f(x^0) > f(x^1) > f(x^2) > \cdots > f(x^i) > f(x^{i+1}) > \cdots$$

ここで，変数 x に対する点列には生成順に x の右肩に添字 $0, 1, 2, \cdots$ をつけている．

初期解を x^0，解の**移動方向**を d^0，移動幅を α^0 すると，次の解は，

$$x^1 := x^0 + \alpha^0 d^0$$

となる．ここで，d^0 は x の増加方向あるいは減少方向のどちらかであり，$:=$ は左辺の変数に右辺の値を代入することを意味する．$i+1$ 番目の解は，i 番目の解 x^i から移動し，

$$x^{i+1} := x^i + \alpha^i d^i$$

と表される．i 番目の解 x^i から d^i の方向へ移動するが，この移動は $\alpha^i d^i$ で表されている．d^i は移動方向で，α^i は移動する幅を表し，**ステップ幅**とよばれる．

降下法では，解の移動方向 d^i は目的関数の減少方向であり，本書ではもっとも基本的な方向として，関数の微分係数の反対符号，すなわち，$-f'(x)$ を用い，ステップ幅は簡単化のために固定値として，α $(\alpha > 0)$ とおく．このとき，解の更新式は，

$$x^{i+1} := x^i + \alpha(-f'(x^i))$$

となる．

例として，前節で取り扱った目的関数

$$f(x) = x^2 - 2x$$

を制約条件を考慮しないで，最小化することを考える．この関数は，

$$f(x_1, x_2) = (x - 1)^2 - 1$$

のように変形できるので，最適解は $x^* = 1$ であることは明らかであるが，実際に計算してみる．目的関数 $f(x)$ の微分係数は，

$$f'(x) = 2x - 2$$

である．初期解を $x^0 = 0$ とする．ステップ幅 α は大きすぎると，発散してしまう．そこで，初期解 $x^0 = 0$ での微分係数は $f'(0) = -2$ なので，1 桁小さい $\alpha = 0.1$ とおく．このとき，解の更新式は，

$$x^{i+1} := x^i + 0.1(-2x^i + 2)$$

となる．計算の終了条件は，最適性の条件が $f'(x^*) = 0$ なので，目的関数の微分係数の絶対値が 0.01 より小さくなることとする．すなわち，

$$|f'(x^i)| = |2x^i - 2| < 0.01$$

となれば，計算を終了する．

初期解 $x^0 = 0$ を更新式に代入し，終了条件を満たすまで繰り返し計算した結果を

表 6.2 1変数関数の降下法による計算

繰り返し回数	x	$f(x)$	$f'(x)$	繰り返し回数	x	$f(x)$	$f'(x)$
0	0.000	0.000	2.000	13	0.945	−0.997	0.110
1	0.200	−0.360	1.600	14	0.956	−0.998	0.088
2	0.360	−0.590	1.280	15	0.965	−0.999	0.070
3	0.488	−0.738	1.024	16	0.972	−0.999	0.056
4	0.590	−0.832	0.819	17	0.977	−0.999	0.045
5	0.672	−0.893	0.655	18	0.982	−1.000	0.036
6	0.738	−0.931	0.524	19	0.986	−1.000	0.029
7	0.790	−0.956	0.419	20	0.988	−1.000	0.023
8	0.832	−0.972	0.336	21	0.991	−1.000	0.018
9	0.866	−0.982	0.268	22	0.993	−1.000	0.015
10	0.893	−0.988	0.215	23	0.994	−1.000	0.012
11	0.914	−0.993	0.172	24	0.995	−1.000	0.009
12	0.931	−0.995	0.137				

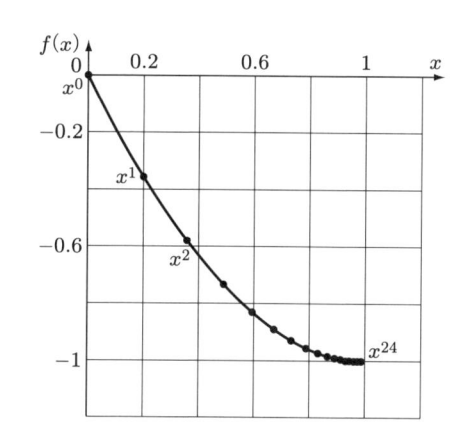

図 6.6 1変数関数の降下法による最小値の計算

表 6.2 と図 6.6 に示す.

表 6.2 に示すように,24 回目の計算で,

$$|f'(x^{24})| = 0.009 < 0.01$$

となり,計算を終了している.このとき,

$$x^{24} = 0.995, \quad f(x^{24}) = -1.000$$

となり,近似最適解が得られていることがわかる.

6.3.2 2変数の二次関数

2変数の二次関数の最適解を,降下法を用いて計算してみる.初期解を (x_1^0, x_2^0) と

し，解の移動方向ベクトルを (d_1^0, d_2^0) とすると，次の解 (x_1^1, x_2^1) は，

$$(x_1^1, x_2^1) := (x_1^0, x_2^0) + \alpha^0 (d_1^0, d_2^0)$$

となる．$i+1$ 番目の解は，i 番目の解 (x_1^i, x_2^i) から移動し，

$$(x_1^{i+1}, x_2^{i+1}) := (x_1^i, x_2^i) + \alpha^i (d_1^i, d_2^i)$$

と表される．i 番目の解 (x_1^i, x_2^i) から (d_1^i, d_2^i) の方向へ移動するが，この移動は $\alpha^i (d_1^i, d_2^i)$ で表されている．ここで，(d_1^i, d_2^i) は方向を表し，α^i はステップ幅である．1 変数の場合と同様に，目的関数の減少方向のベクトルを (d_1^0, d_2^0) として，関数を局所的にもっとも急に増加させる方向である勾配ベクトルの反対方向，すなわち，

$$-\nabla f(x_1, x_2) = \left(-\frac{\partial f(x_1, x_2)}{\partial x_1}, -\frac{\partial f(x_1, x_2)}{\partial x_2} \right)$$

を用い，ステップ幅は固定値として，α ($\alpha > 0$) とする．このとき，解の更新式は，

$$(x_1^{i+1}, x_2^{i+1}) := (x_1^i, x_2^i) + \alpha \left(-\frac{\partial f(x_1^i, x_2^i)}{\partial x_1}, -\frac{\partial f(x_1^i, x_2^i)}{\partial x_2} \right)$$

となる．

例として，前節で取り扱った目的関数

$$f(x_1, x_2) = 3x_1^2 - 18x_1 + 2x_2^2 - 8x_2$$

を制約条件はないものとして，最小化する．この目的関数は，

$$f(x_1, x_2) = 3(x_1 - 3)^2 + 2(x_2 - 2)^2 - 35$$

のように変形できるので，最適解は，

$$(x_1^*, x_2^*) = (3, 2)$$

であることは明らかであるが，実際に降下法を用いて計算してみる．この目的関数の勾配ベクトルは，

$$\nabla f(x_1, x_2) = (6x_1 - 18, 4x_2 - 8)$$

である．初期解を，

$$(x_1^0, x_2^0) = (0, 0)$$

とする．初期解 $(0, 0)$ での勾配ベクトルは，

$$\nabla f(0, 0) = (-18, -8)$$

なので，$\alpha = 0.1$ とおく．このとき，解の更新式は，

$$(x_1^{i+1}, x_2^{i+1}) := (x_1^i, x_2^i) + 0.1(-6x_1^i + 18, -4x_2^i + 8)$$

となる．計算の終了条件は，最適性の条件が，

$$\nabla f(x_1^*, x_2^*) = (0, 0)$$

なので，勾配ベクトルの各要素の絶対値が 0.01 より小さくなることとする．すなわち，

$$\left|\frac{\partial f(x_1^i, x_2^i)}{\partial x_1}\right| = |6x_1^i - 18| < 0.01, \quad \left|\frac{\partial f(x_1^i, x_2^i)}{\partial x_2}\right| = |4x_2^i - 8| < 0.01$$

となれば，計算を終了する．

初期解 $(x_1^0, x_2^0) = (0, 0)$ を更新式に代入し，終了条件を満たすまで繰り返し計算した結果を，表 6.3 と図 6.7 に示す．

表 6.3 に示すように，14 回目の計算で，

表 6.3　2 変数関数の降下法による計算

繰り返し回数	(x_1, x_2)	$f(x_1, x_2)$	$-\nabla f(x_1, x_2)$
0	(0.000, 0.000)	0.000	(18.000, 8.000)
1	(1.800, 0.800)	-27.800	(7.200, 4.800)
2	(2.520, 1.280)	-33.272	(2.880, 2.880)
3	(2.808, 1.568)	-34.516	(1.152, 1.728)
4	(2.923, 1.741)	-34.848	(0.461, 1.037)
5	(2.969, 1.844)	-34.949	(0.184, 0.622)
6	(2.988, 1.907)	-34.982	(0.074, 0.373)
7	(2.995, 1.944)	-34.994	(0.029, 0.224)
8	(2.998, 1.966)	-34.998	(0.012, 0.134)
9	(2.999, 1.980)	-34.999	(0.005, 0.081)
10	(3.000, 1.988)	-35.000	(0.002, 0.048)
11	(3.000, 1.993)	-35.000	(0.001, 0.029)
12	(3.000, 1.996)	-35.000	(0.000, 0.017)
13	(3.000, 1.997)	-35.000	(0.000, 0.010)
14	(3.000, 1.998)	-35.000	(0.000, 0.006)

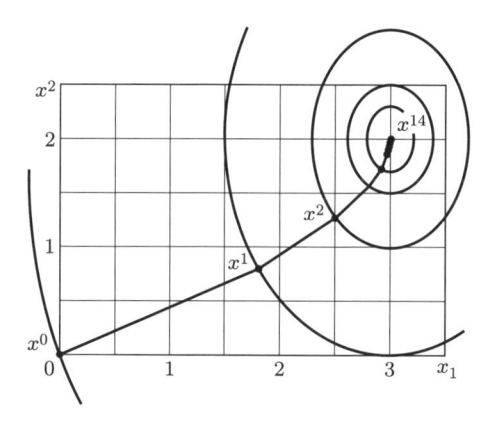

図 6.7　2 変数関数の降下法による最小値の計算

$$\left|\frac{\partial f(x_1^{14}, x_2^{14})}{\partial x_1}\right| = |6x_1^{14} - 18| = 0.000 < 0.01$$

$$\left|\frac{\partial f(x_1^{14}, x_2^{14})}{\partial x_2}\right| = |4x_2^{14} - 8| = 0.006 < 0.01$$

となり，計算を終了している．このとき，

$$(x_1^{14}, x_2^{14}) = (3.000, 1.998), \quad f(x_1^{14}, x_2^{14}) = -35.000$$

となり，近似最適解が得られていることがわかる．

演習問題 [6]

6.1 次の1変数の非線形計画問題を考える．

$$\begin{aligned}
\text{minimize} \quad & f(x) = x^2 + 4x + 3 \\
\text{subject to} \quad & g_1(x) = -x + 1 \leqq 0 \\
& g_2(x) = x - 3 \leqq 0
\end{aligned}$$

この問題の最適解は $x^* = 1$ である．このとき，最適性の条件（1変数関数）(6.3) を満たす λ_1, λ_2 が存在することを示しなさい．

6.2 次の2変数の非線形計画問題を考える．

$$\begin{aligned}
\text{minimize} \quad & f(x_1, x_2) = x_1^2 - 28x_1 + x_2^2 - 20x_2 - 704 \\
\text{subject to} \quad & g_1(x_1, x_2) = x_1 + 2x_2 - 20 \leqq 0 \\
& g_2(x_1, x_2) = x_1 + x_2 - 15 \leqq 0 \\
& g_3(x_1, x_2) = -x_1 \leqq 0 \\
& g_4(x_1, x_2) = -x_2 \leqq 0
\end{aligned}$$

この問題の最適解は $(x_1^*, x_2^*) = (10, 5)$ である．このとき，最適性の条件（2変数関数）(6.7) を満たす λ_1, λ_2, λ_3, λ_4 が存在することを示しなさい．

6.3 制約式を考慮せずに，問題 6.1 の目的関数

$$f(x) = x^2 + 4x + 3$$

を最小化する．ただし，初期解を $x^0 = 0$ とし，ステップ幅を $\alpha = 0.1$ とおいて，降下法を用いて近似最適解を計算しなさい．

6.4 制約式を考慮せずに，問題 6.2 の目的関数

$$f(x_1, x_2) = x_1^2 - 28x_1 + x_2^2 - 20x_2 - 704$$

を最小化する．ただし，初期解を $(x_1^0, x_2^0) = (0, 0)$ とし，ステップ幅を $\alpha = 0.1$ とおいて，降下法を用いて近似最適解を計算しなさい．

演習問題解答

第 1 章 演習問題 [1]

1.1 C 国の生産可能領域：$3z_1 + z_2 \leqq e,\ z_1 \geqq 0,\ z_2 \geqq 0$.
　　　D 国の生産可能領域：$1/2 w_1 + w_2 \leqq f,\ w_1 \geqq 0,\ w_2 \geqq 0$.

1.2 C 国の目的関数：$z_1 + 3/2 z_2$.
　　　D 国の目的関数：$2/3 w_1 + w_2$.

1.3 C 国は小麦に特化し，D 国は米に特化する．

第 2 章 演習問題 [2]

2.1 目的関数：$f(x) = 15x$．制約式：$20x \leqq 100,\ 16x \leqq 90$．
利益を最大化させる製造数：$x = 5$．そのときの利益：$f(5) = 75$．

2.2 $f(x) = -3x^2 + 6x = -3\{(x-1)^2 - 1\}$
または，
$f'(x) = -6x + 6 = 0$
より，利益を最大化させる製造数：$x = 1$．そのときの利益：$f(1) = 3$．

2.3 目的関数：$f(x_1, x_2) = 12x_1 + 16x_2$．制約式：$16x_1 + 20x_2 \leqq 100,\ 18x_1 + 7x_2 \leqq 60$．
利益を最大化させる製造数：$(x_1, x_2) = (0, 5)$．そのときの利益：$f(0, 5) = 80$．

2.4 $f(x_1, x_2) = -3x_1^2 + 6x_1 - 4x_2^2 + 8x_2 = -3\{(x_1-1)^2 - 1\} - 4\{(x_2-1)^2 - 1\}$
または，
$$\frac{\partial f}{\partial x_1}(p,\ q) = -6p + 6 = 0,\ \frac{\partial f}{\partial x_2}(p,\ q) = -8q + 8 = 0$$
より，利益を最大化させる製造数：$(x_1, x_2) = (1, 1)$．そのときの利益：$f(1, 1) = 7$．

2.5 minimize $\quad \begin{pmatrix} 2 & 4 \end{pmatrix} \begin{pmatrix} x_1 \\ x_2 \end{pmatrix}$

　　　subject to $\quad \begin{bmatrix} 4 & 10 \\ 6 & 8 \end{bmatrix} \begin{pmatrix} x_1 \\ x_2 \end{pmatrix} \leqq \begin{pmatrix} 40 \\ 50 \end{pmatrix},\ \begin{pmatrix} x_1 \\ x_2 \end{pmatrix} \geqq \begin{pmatrix} 0 \\ 0 \end{pmatrix}$

　　　minimize $\quad 2x_1 + 4x_2$
　　　subject to $\quad 4x_1 + 10x_2 \leqq 40,\ 6x_1 + 8x_2 \leqq 50,\ x_1 \geqq 0,\ x_2 \geqq 0$

第 3 章 演習問題 [3]

3.1 (a) minimize $\quad z = -2x_1 - 3x_2$
　　　　　subject to $\quad 3x_1 + 2x_2 \leqq 36,\ 1x_1 + 2x_2 \leqq 20,\ 1x_1 + 1x_2 \leqq 13,\ x_1 \geqq 0,\ x_2 \geqq 0$
　　(b) 省略．
　　(c) 基底解と対応する目的関数値は，

$(x_1, x_2, z) = (0, 0, 0), (0, 10, -30), (20, 0, -), (13, 0, -), (0, 13, -),$
$(12, 0, -24), (0, 18, -), (6, 7, -33), (10, 3, -29), (8, 6, -)$

の10個．ただし，実行可能でない場合，zを"$-$"で表示．
- (d) 最適解は，$(x_1, x_2) = (6, 7), z = -33$.
- (e) 最適シンプレックス・タブローにおいて，非基底変数のシンプレックス基準が0となっていることから，一意でないことが確認できる．最適解は，端点$(6, 7)$と$(10, 3)$の2点を結ぶ直線上の任意の点．
- (f) 省略．

3.2 (a) minimize $\quad z = 6x_1 + 13x_2$
subject to $\quad 7x_1 + 3x_2 \geqq 42, 3x_1 + 5x_2 \geqq 44, 3x_1 + 8x_2 \geqq 56, x_1 \geqq 0, x_2 \geqq 0$
- (b) 省略．
- (c) 基底解と対応する目的関数値は，

$(x_1, x_2, z) = (0, 0, -), (6, 0, -), (0, 14, 182), \left(\dfrac{44}{3}, 0, -\right),$
$\left(0, \dfrac{44}{5}, -\right), \left(\dfrac{56}{3}, 0, 112\right), (0, 7, -), (3, 7, 109),$
$(8, 4, 100), \left(\dfrac{168}{47}, \dfrac{266}{47}, -\right)$

の10個．ただし，実行可能でない場合，zを"$-$"で表示．
- (d) 最適解は，$(x_1, x_2) = (8, 4), z = 100$.
- (e) 最適シンプレックス・タブローにおいて，非基底変数のシンプレックス基準が0となっていることから，一意でないことが確認できる．最適解は，端点$(8, 4)$と$(3, 7)$の2点を結ぶ直線上の任意の点．
- (f) 省略．

3.3 (a) minimize $\quad z = 8x_1^+ - 8x_1^- + 5x_2^+ - 5x_2^-$
subject to $\quad -x_1^+ + x_1^- + x_2^+ - x_2^- + s_1 = 7, -5x_1^+ + 5x_1^- - 2x_2^+ + 2x_2^- + s_2 = 35,$
$-x_1^+ + x_1^- - 5x_2^+ + 5x_2^- + s_3 = 30, -x_2^+ + x_2^- + s_4 = 6, x_1^+, x_1^-, x_2^+, x_2^-, s_1, s_2, s_3 \geqq 0$
- (b) 最適解は，

$(x_1^+, x_1^-, x_2^+, x_2^-) = (0, 5, 0, 5).$
（等価的に，$(x_1, x_2) = (-5, -5)$）．$z = -65$.
- (c) 省略．
- (d) Excelソルバーの「感度レポート」シートにおいて，4本の制約式に対する潜在価格のなかで三つが0であることから，解が一意でないことが確認できる．最適解は，端点$(-5, -5)$と$(0, -6)$の2点を結ぶ直線上の任意の点．

3.4 (a) minimize $\quad z = x_1 + x_2 + x_3 + x_4 + x_5 + x_6$
subject to $\quad x_6 + x_1 \geqq 120, x_1 + x_2 \geqq 90, x_2 + x_3 \geqq 110, x_3 + x_4 \geqq 70,$
$x_4 + x_5 \geqq 50, x_5 + x_6 \geqq 80, x_1, x_2, x_3, x_4, x_5, x_6 \geqq 0$
- (b) 省略．

3.5 (a) 工場 A から営業所 D, E, F までの製品輸送量を x_1, x_2, x_3, 工場 B から営業所 D, E, F までの製品輸送量を x_4, x_5, x_6, 工場 C から営業所 D, E, F までの製品輸送量を x_7, x_8, x_9 とすれば, 輸送費用最小化問題は以下の線形計画問題として定式化できる.
minimize $z = 3x_1 + 5x_2 + 8x_3 + 6x_4 + 7x_5 + 5x_6 + 2x_7 + 9x_8 + 6x_9$
subject to $x_1 + x_2 + x_3 \leqq 50$, $x_4 + x_5 + x_6 \leqq 80$, $x_7 + x_8 + x_9 \leqq 60$, $x_1 + x_4 + x_7 \geqq 70$, $x_2 + x_5 + x_8 \geqq 50$, $x_3 + x_6 + x_9 \geqq 40$, $x_1, x_2, x_3, x_4, x_5, x_6, x_7, x_8, x_9 \geqq 0$

(b) 最適解は, $(x_1^*, x_2^*, x_3^*, x_4^*, x_5^*, x_6^*, x_7^*, x_8^*, x_9^*) = (10, 40, 0, 0, 10, 40, 60, 0, 0)$. $z^* = 620$.

第 4 章 演習問題 [4]

4.1 minimize $w = 50y_1 + 62y_2 + 80y_3$
subject to $y_1 + 3y_2 + 5y_3 \geqq 4$, $5y_1 + 4y_2 + 2y_3 \geqq 7$, $y_1 \geqq 0$, $y_2 \geqq 0$, $y_3 \geqq 0$

4.2 maximize $z = 4x_1 + 7x_2$
subject to $x_1 + 5x_2 \leqq 5$, $4x_1 + 9x_2 \leqq 10$, $5x_1 + 2x_2 \leqq 8$, $x_1 \geqq 0$, $x_2 \geqq 0$

4.3 $(y_1^*, y_2^*, y_3^*) = \left(\dfrac{1}{2}, \dfrac{7}{6}, 0\right)$.

4.4 最適解は,
$(y_1^*, y_2^*, y_3^*) = \left(\dfrac{1}{2}, \dfrac{7}{6}, 0\right)$
なので, 資源 1 を 1 単位増加させると利益が 1/2 単位増加し, 資源 2 を 1 単位増加させると利益が 7/6 単位増加するが, 資源 3 を 1 単位増加させても利益を増やすことができない.

4.5 上限 20, 下限 $\dfrac{16}{3}$.

第 5 章 演習問題 [5]

5.1 $90x_1 + 111x_2 - (55y_{11} + 57y_{12} + 78y_{21} + 87y_{22}) - (12.5y_{11} + 8.0y_{12} + 2.8y_{21} + 1.8y_{22})$.
5.2 $4000 \leqq x_1 \leqq 5000$, $4000 \leqq x_2 \leqq 5000$.
5.3 $x_1 \leqq y_{11} + y_{21}$, $x_2 \leqq y_{12} + y_{22}$.
5.4 $55y_{11} + 57y_{12} \leqq 2000000$, $78y_{21} + 87y_{22} \leqq 1500000$.
5.5 minimize $x_0 = 0.235x_1 + 0.152x_2 + 0.235x_3 + 0.165x_4$
subject to $0.947x_1 - 0.139x_2 - 0.094x_3 - 0.078x_4 \geqq 600$
$-0.094x_1 + 0.734x_2 - 0.094x_3 - 0.087x_4 \geqq 4800$
$-0.133x_1 - 0.139x_2 + 0.937x_3 - 0.126x_4 \geqq 900$
$-0.137x_1 - 0.076x_2 - 0.047x_3 + 0.913x_4 \geqq 3600$
$x_1, x_2, x_3, x_4 \geqq 0$
の解, つまり各産業の生産額は,
$x_1 = 2550$, $x_2 = 7890$, $x_3 = 3190$, $x_4 = 5150$
であり, サービス業の最終需要を 900 から 1000 に変えたときの生産額は,
$x_1 = 2565$, $x_2 = 7907$, $x_3 = 3303$, $x_4 = 5159$

である．

5.6 maximize λ
subject to $4x_1 + 2x_2 + 5x_3 \geqq \lambda$
$2x_1 + 4x_2 + 3x_3 \geqq \lambda$
$4x_1 + 5x_2 + x_3 \geqq \lambda$
$x_1, x_2, x_3 \geqq 0$

を解けば，マクシミン解

$x_1 = 0.125, x_2 = 0.5, x_3 = 0.375$

を得て，このときの期待利得は 3.375 である．

第 6 章　演習問題［6］

6.1 $f'(x) = 2x + 4, \ g_1'(x) = -1, \ g_2'(x) = 1$

である．最適解が $x^* = 1$ であるとき，

$g_1(x) = -x + 1 \leqq 0$

の境界上にこの最適解は存在しないので，$\lambda_2 = 0$ とおく．

$f'(1) + \lambda_1 g_1'(1) + \lambda_2 g_2'(1) = 6 + \lambda_1 \cdot (-1) + 0 \cdot 1 = 0$

より，

$\lambda_2 = 6$

を得る．したがって，最適性の条件（1 変数関数）(6.3) を満たす

$\lambda_1 = 6, \quad \lambda_2 = 0$

が存在する．

6.2 $\nabla f(x_1, x_2) = (2x_1 - 28, 2x_2 - 20), \nabla g_1(x_1, x_2) = (1, 2), \nabla g_2(x_1, x_2) = (1, 1),$
$\nabla g_3(x_1, x_2) = (-1, 0), \nabla g_4(x_1, x_2) = (0, -1)$

である．最適解が，

$(x_1^*, x_2^*) = (10, 5)$

であるとき，

$g_3(x_1, x_2) = -x_1 \leqq 0, \ g_4(x_1, x_2) = -x_2 \leqq 0$

の境界上にこの最適解は存在しないので，

$\lambda_3 = \lambda_4 = 0$

とおく．

$\nabla f(x_1^*, x_2^*) + \sum_{i=1}^{4} \lambda_i \nabla g_i(x_1^*, x_2^*)$
$= (-8, -10) + \lambda_1 \cdot (1, 2) + \lambda_2 \cdot (1, 1) + 0 \cdot (-1, 0) + 0 \cdot (0, -1) = (0, 0)$

より，

$\lambda_1 = 2, \quad \lambda_2 = 6$

を得る．したがって，最適性の条件（2 変数関数）(6.7) を満たす

$\lambda_1 = 2, \quad \lambda_2 = 6, \quad \lambda_3 = 0, \quad \lambda_4 = 0$

が存在する．

6.3 目的関数 $f(x)$ は，

$f(x) = x^2 + 4x + 3 = (x+2)^2 - 1$

のように変形できるので，最適解は $x^* = -2$ であることがわかる．ステップ幅を $\alpha = 0.1$ とおくと，更新式は，

$x^{i+1} := x^i + 0.1(-2x^i - 4)$

となる．初期解を $x^0 = 0$ とすると，28 回目の計算で

$|f'(x)| = 0.008 < 0.01$

となり，

$x = -1.995, \ f(x) = -1$

を得る．

6.4 目的関数 $f(x_1, x_2)$ は，

$f(x_1, x_2) = x_1^2 - 28x_1 + x_2^2 - 20x_2 - 704 = (x_1 - 14)^2 + (x_2 - 10)^2 - 1000$

のように変形できるので，最適解は，

$(x_1^*, x_2^*) = (14, 10)$

であることがわかる．ステップ幅を $\alpha = 0.1$ とおくと，

$\nabla f(x_1, x_2) = (2x_1 - 28, \ 2x_2 - 20)$

なので，更新式は，

$(x_1^{i+1}, x_2^{i+1}) := (x_1^i, x_2^i) + 0.1(-2x_1^i + 28, \ -2x_2^i + 20)$

となる．初期解を，

$(x_1^0, x_2^0) = (0, 0)$

とすると，36 回目の計算で，

$|2x_1^i - 28| = 0.009 < 0.01, \quad |2x_2^i - 20| = 0.006 < 0.01$

となり，

$(x_1, x_2) = (13.995, 9.997), \quad f(x_1, x_2) = -1000$

を得る．

参考文献

教科書としての性格上，一般的な事項に関しては関連文献を引用していないが，本書を執筆するにあたり参考にさせていただいた文献を以下に示し，感謝の意を表したい．また，本書では数値例や応用例を示すことによって，数理計画法を最初に学ぶ読者のためにわかりやすさを重視したため，証明や一般化などの記述は控えている．

そこで，より一般的な概念，高度な理論や方法論を学びたい読者には，次に示す文献を参考にしていただきたい．とくに，著者の一人である坂和正敏の著書は，本書の直接の上級書となっているのでお薦めする．

数理計画法関連文献

[1] T.C. Koopmans (Ed.): *Activity Analysis of Production and Allocation*, John Wiley & Sons (1951).
[2] R. Dorfman, P.A. Samuelson and R.M. Slow: *Linear Programming and Economic Analysis*, McGraw-Hill (1958).
[3] S.I. Gass: *Linear Programming*, McGraw-Hill (1958), 4th Edition (1975); ガス, 小山昭雄訳, 線型計画法, 第 4 版, 好学社 (1979).
[4] G.B. Dantzig: *Linear Programming and Extensions*, Princeton University Press (1963); ダンツィーク, 小山昭雄訳, 線型計画法とその周辺, ホルト・サウンダース・ジャパン (1983).
[5] 志水清孝：システム最適化理論, コロナ社 (1976).
[6] 今野 浩, 山下 浩：非線形計画法, 日科技連出版社 (1978).
[7] P.R. Thie: *An Introduction to Linear Programming and Game Theory*, Wiley (1979).
[8] 西川禕一, 三宮信夫, 茨木俊秀：最適化, 岩波書店 (1982).
[9] 志水清孝, 相吉英太郎：数理計画法, 昭晃堂 (1984).
[10] 坂和正敏：線形システムの最適化〈一目的から多目的へ〉, 森北出版 (1984).
[11] 相吉英太郎, 志水清孝：数理計画法演習, 朝倉書店 (1985).
[12] 伊理正夫：線形計画法, 共立出版 (1986).
[13] 坂和正敏：非線形システムの最適化〈一目的から多目的へ〉, 森北出版 (1986).
[14] 今野 浩：線形計画法, 日科技連出版社 (1987).

[15] A. Ravindran, D.T. Phillips and J.J. Solberg: *Operations Research–Principles and Practice*, John Wiley & Sons (1987).
[16] 坂和正敏：経営数理システムの基礎〈線形計画法に基づく意思決定〉，森北出版 (1991).
[17] 茨木俊秀，福島雅夫：最適化の手法，共立出版 (1993).
[18] E. Turban and J.R. Meredith: *Fundamentals of Management Science*, Sixth Edition, IRWIN (1994).
[19] 福島雅夫：数理計画入門，朝倉書店 (1996).
[20] 坂和正敏：数理計画法の基礎，森北出版 (1999).
[21] 坂和正敏：離散システムの最適化〈一目的から多目的へ〉，森北出版 (2000).
[22] 福島雅夫：非線形最適化の基礎，朝倉書店 (2001).

ゲーム理論・経済学関連文献
[23] R.D. Luce and H. Raiffa: *Games and Decisions*, John Wiley & Sons (1957).
[24] 新飯田　宏：産業連関分析入門，東洋経済新報社 (1978).
[25] 岡崎不二男：経済理論入門，学習研究社 (1985).
[26] 松原　望：新版 意思決定の基礎，朝倉書店 (1985).
[27] 西村和雄：ミクロ経済学入門，第 2 版，岩波書店 (1995).
[28] G. Owen: *Game Theory*, Third Edition, Academic Press (1995).
[29] 岡田　章：ゲーム理論，有斐閣 (1997).
[30] 中山幹夫，船木由喜彦，武藤滋夫：協力ゲーム理論，勁草書房 (2008).

索　引

■あ行

鞍点　119
意思決定者　26
一意　37
移動方向　141
移動方向ベクトル　143

■か行

解　32
解の更新式　141, 143
活性　39
活性制約式　39
感度分析　90, 105
期待利得　119
基底解　42
基底変数　43
均衡　117
計算の終了条件　141, 143
決定変数　7, 18, 24, 26
限界価値　88
降下法　140
勾配の釣り合い　131
勾配ベクトル　134
勾配ベクトルの釣り合い式　136
購買問題　99
国内生産額　107
混合戦略　119

■さ行

最終需要　107
最適解　4, 24
最適性の条件　131, 138
産業連関分析　107

実行可能解　32
実行可能基底解　43
実行可能領域　24, 32
シャドープライス　88
主問題　83
純粋戦略　119
初期解　141
人為変数　55
シンプレックス基準　46
シンプレックス・タブロー　42
シンプレックス法　41
ステップ幅　141
スラック　39
スラック変数　31, 41
制約式　24
制約条件　1, 24
線形計画モデル　24
線形計画問題　1
戦略　115
双対性　83
双対変数　84, 88
双対問題　83

■た行

端点　35
中間需要　107
投入係数　108

■な行

内点　133

■は行

比較優位　3

非基底変数　42
非実行可能解　32
非実行可能基底解　43
非負条件　27
微分　15
微分係数　15
ピボット項　50
ピボット操作　50
費用係数　30
標準形　32, 41
不活性　39
2人ゼロ和ゲーム　115
ベクトルの内積　19
偏微分　15
偏微分係数　17
保障水準の最大化　117

■ま　行

マキシミン基準　117
ミニマックス基準　117
目的関数　1, 24

■や　行

有　界　39
輸送問題　99
余裕変数　32, 54

■ら　行

利得表　115

著者略歴

坂和　正敏（さかわ・まさとし）
- 1970 年　京都大学工学部数理工学科卒業
- 1972 年　京都大学大学院工学研究科数理工学専攻修士課程修了
- 1975 年　京都大学大学院工学研究科数理工学専攻博士課程修了
  　　　　　京都大学工学博士
  　　　　　神戸大学工学部システム工学科助手
- 1981 年　神戸大学工学部システム工学科助教授
- 1987 年　岩手大学工学部数理情報学講座教授
- 1990 年　広島大学工学部第二類（電気系）計数管理工学講座教授
- 2001 年　広島大学大学院工学研究科複雑システム工学専攻教授
- 2015 年　広島大学名誉教授
  　　　　　現在に至る

矢野　均（やの・ひとし）
- 1980 年　神戸大学工学部システム工学科卒業
- 1982 年　神戸大学大学院工学研究科システム工学専攻修士課程修了
- 1983 年　香川大学経済学部管理科学科助手
- 1988 年　大阪大学工学博士
- 1989 年　名古屋市立女子短期大学助教授
- 1996 年　名古屋市立大学人文社会学部現代社会学科助教授
- 2004 年　名古屋市立大学大学院人間文化研究科教授
  　　　　　現在に至る

西﨑　一郎（にしざき・いちろう）
- 1982 年　神戸大学工学部システム工学科卒業
- 1984 年　神戸大学大学院工学研究科システム工学専攻修士課程修了
  　　　　　新日本製鐵株式会社　入社
- 1990 年　京都大学経済研究所助手
- 1993 年　摂南大学経営情報学部助教授
  　　　　　広島大学博士（工学）
- 1997 年　広島大学工学部第二類（電気系）計数管理工学講座助教授
- 2001 年　広島大学大学院工学研究科複雑システム工学専攻助教授
- 2002 年　広島大学大学院工学研究科複雑システム工学専攻教授
  　　　　　現在に至る

わかりやすい数理計画法　　Ⓒ 坂和正敏・矢野 均・西﨑一郎　2010

2010 年 3 月 31 日　第 1 版第 1 刷発行　　【本書の無断転載を禁ず】
2024 年 4 月 1 日　第 1 版第 4 刷発行

著　者　坂和正敏・矢野 均・西﨑一郎
発行者　森北博巳
発行所　森北出版株式会社
　　　　東京都千代田区富士見 1-4-11（〒102-0071）
　　　　電話 03-3265-8341／FAX 03-3264-8709
　　　　https://www.morikita.co.jp/
　　　　日本書籍出版協会・自然科学書協会　会員
　　　　JCOPY ＜（一社）出版者著作権管理機構　委託出版物＞

落丁・乱丁本はお取替えいたします　印刷／エーヴィスシステムズ・製本／ブックアート
　　　　　　　　　　　　　　　　　組版／ウルス

Printed in Japan／ISBN978-4-627-91771-2